教育部第四批1

人物化妆造型
职业技能教材

| 中级 |

北京色彩时代商贸有限公司 组织编写

毛金定 主编

孙雪芳 副主编

化学工业出版社

·北京·

内容简介

本书根据教育部1+X证书项目《人物化妆造型职业技能等级标准》（中级）对应的工作领域、工作任务及职业技能要求编写而成。主要面向影楼新娘机构、新娘跟妆工作室、各类摄影工作室、文化传播公司、个人形象工作室、电子商务线上平台、影视剧组等的化妆造型部门，完成从事新娘类、宴会类、舞台类、摄影类、影视剧类的化妆服务岗位工作。

本书采用情景化项目任务式教学设计，图文结合，配以视频教学，突出动手实践能力，培养化妆师的综合素养。

本书适用于人物化妆造型职业技能中级培训、考核与评价，行业相关从业人员的聘用、教育和职业培训可参照使用。

图书在版编目（CIP）数据

人物化妆造型职业技能教材：中级/毛金定主编；北京色彩时代商贸有限公司组织编写. —北京：化学工业出版社，2022.1（2024.7重印）

ISBN 978-7-122-40081-9

Ⅰ. ①人… Ⅱ. ①毛… ②北… Ⅲ. ①化妆-造型设计-职业培训-教材 Ⅳ. ①TS974.12

中国版本图书馆CIP数据核字（2021）第208612号

责任编辑：李彦玲　　　　文字编辑：吴江玲　　　　美术编辑：王晓宇
责任校对：边　涛　　　　　　　　　　　　　　　　装帧设计：水长流文化

出版发行：化学工业出版社（北京市东城区青年湖南街13号　邮政编码100011）
印　　装：北京宝隆世纪印刷有限公司
787mm×1092mm　1/16　印张7½　字数152千字　2024年7月北京第1版第2次印刷

购书咨询：010-64518888　　　　　　　　　　　　　售后服务：010-64518899
网　　址：http://www.cip.com.cn

凡购买本书，如有缺损质量问题，本社销售中心负责调换。

定　价：68.00元　　　　　　　　　　　　　　　　　　　　　　版权所有　违者必究

"人物化妆造型职业技能"系列教材编写委员会

（按姓名笔画排序）

主 任 委 员

闫秀珍　原全国美发美容职业教育教学指导委员会　主任委员

副主任委员

张安凤　常州纺织服装职业技术学院　专业带头人
罗润来　浙江纺织服装职业技术学院　艺术与设计学院院长
熊雯婧　湖北科技职业学院　传媒艺术学院副院长

委　　员

王悦云　浙江纺织服装职业技术学院
王酥靖　常州市罗尚职业技能培训学校
毛金定　浙江纺织服装职业技术学院
邓　平　山东艺术学院国际艺术交流学院
石　丹　杭州市创意艺术学校（原杭州拱墅职业高级中学）
朱丽青　浙江省机电技师学院
朱佩芝　浙江纺织服装职业技术学院
刘　萍　常州市罗尚职业技能培训学校
刘培诺　常州市罗尚职业技能培训学校
孙雪芳　杭州市创意艺术学校（原杭州拱墅职业高级中学）
严可祎　湖北科技职业学院
杜　成　常州市罗尚职业技能培训学校
李清芳　常州纺织服装职业技术学院
杨　曦　重庆城市管理职业学院
张玉梅　北京色彩时代商贸有限公司
陈霜露　重庆城市管理职业学院
罗晓燕　湖北科技职业学院
周　放　沈阳市轻工艺术学校
施张炜　浙江省机电技师学院
黄译慧　宁波卫生职业技术学院
梅　丽　宁夏职业技术学院
盛　乐　浙江横店影视职业学院
章　益　宁波卫生职业技术学院
蒋　坤　常州纺织服装职业技术学院
简　义　重庆城市管理职业学院
蔡　越　常州市罗尚职业技能培训学校
潘　翀　浙江横店影视职业学院

"人物化妆造型职业技能"系列教材审定委员会

（按姓名笔画排序）

主 任 委 员

　　李伟涛　北京色彩时代商贸有限公司　总经理

副主任委员

　　王　铮　江苏开放大学　艺术学院副院长
　　毛晓青　山东省潍坊商业学校　旅游系主任
　　左　晶　北京广播电视台　形象设计科科长
　　周京红　北京市西城职业学校　专业主任
　　耿　怡　北京市黄庄职业高中　教研组组长
　　顾晓然　原全国美发美容职业教育教学指导委员会　秘书长

委　　员

　　王大卫　青岛优度生物工程有限公司
　　田　可　江苏金莎美容美发培训学校
　　冯淑军　东田造型学校
　　刘科江　广州番禺职业技术学院
　　刘莉莉　上海紫苏文化传媒有限公司
　　孙　琍　山西康童堂健康管理咨询有限公司
　　李　青　山东艺术学院国际艺术交流学院
　　岳智虹　北京色彩时代商贸有限公司
　　葛玉珍　山东科技职业学院
　　韩　雪　辽宁轻工职业学院
　　赖志郎　曼都国际连锁集团
　　蔡艺卓　厦门欧芭集团

　　为贯彻落实国务院印发的《国家职业教育改革实施方案》和教育部等四部门联合印发的《关于在院校实施"学历证书+若干职业技能等级证书"制度试点方案》文件精神，北京色彩时代商贸有限公司（以下简称"色彩时代公司"）积极投身到职业教育1+X证书试点工作中，依托职业技能等级标准开发、师资团队建设、学习资源开发、考培站点建设等取得的阶段性成果，经教育部职业技术教育中心研究所发布的《关于受权发布参与1+X证书制度试点的第四批职业教育培训评价组织及职业技能等级证书名单的通知》文件授权，正式成为职业教育培训评价组织。同时，色彩时代公司申报的"人物化妆造型职业技能等级证书"成功入选第四批1+X职业技能等级证书名单。

　　为保障人物化妆造型1+X证书试点工作的顺利开展，色彩时代公司以新技术为引领、以新技能为支撑，结合人物化妆造型岗位实际，联合职业院校和行业企业共同开发了《人物化妆造型职业技能教材》（初级、中级、高级）三本书。

　　从教材编写伊始，色彩时代公司就明确了本系列教材编写的定位和价值取向。1+X证书制度作为完善现代职业教育体系、健全国家职业教育结构、提高人才培养质量的重大举措，其配套教材需围绕解决职业教育发展供需结构不平衡、供给结构与就业需求结构不匹配、高层次技术技能人才培养能力不足、就业市场技术技能人才供需结构性矛盾以及区域发展不平衡等问题来实施开发。特别是在《人物化妆造型职业技能等级标准》框架的指引下，教材内容需要遵循行业发展规律，形成人物化妆造型职业教育发展与消费服务升级良性互动的格局。

　　本系列教材从2020年6月启动开发和编写工作，在全国美发美容职业教育教学指导委员会的指导以及教材编写委员会、审定委员会的共同努力下，历时11个月完成了全部内容的编写和配套教学资源

的摄录工作。在出版前的审定过程中,专家们认为本系列教材作为人物化妆造型职业教育教学资源的重要补充,呈现出如下几个特点:

一是政治导向鲜明。习近平总书记在全国教育大会上指出,培养什么人,是教育的首要问题。作为院校学生获得知识、技能的主要载体,教材应将立德树人作为立身之本,并体现出行业在新经济、新业态、新技术背景下对人才培养提出的更高要求。本系列教材将学习者职业素质的培养作为首要任务,将人物化妆造型从业者应具备的工匠精神有机渗入教学过程中,力求实现思想政治教育与技术技能培养相结合,潜移默化地把思想政治与职业素养教育融入技术技能培养之中。

二是教材开发的力量更加多元化。本系列教材编写团队不是单纯地依赖职业院校,而是逐渐形成了学校教师、行业专家、企业骨干技术人员、教育科研专家共同参与的编写机制。教材编写主动对接行业标准、职业标准和企业标准,注重根据工作实际设计满足教学需要的项目、情景,力求实现人物化妆造型1+X证书的课证融通、书证融通。

三是教材内容的呈现形式更加灵活。情景式、案例式、项目式、任务式的编排成为本系列教材主要的体例呈现方式。同时本系列教材结合《人物化妆造型职业技能等级标准》对各项技能的难易程度进行划分,将任务分为明确任务、拓展任务和高阶任务等应用层次,增强了学习的灵活性和开放性,更容易调动学习者参与考培的积极性。

四是教材配套的教学资源更加丰富。众所周知,人物化妆造型知识和技能的学习需配套优良的视觉传达系统,高质量的图片和视频是学习者学习的重要保障。本系列教材配套的相关资源均为色彩时代公司原创并组织团队专门开发,其清晰度和美观度在同类教材中具有一定的先进性。其中教学辅助视频仅需用手机扫描各任务中的二维码即可获取,将极大提升教与学的整体效率。

尽管本系列教材呈现出上述的特色和亮点,但因编写、出版教材经验不足,教材内容依然存在着不少的疏漏之处,欢迎行业内外尤其是试点院校的专家、师生给予批评指正,以便未来对教材进行修订和完善。借此,向关心和支持人物化妆造型职业教育教学工作有关部门的领导们表示感谢,也要对参与教材编写和审定的专家们表示感谢。

北京色彩时代商贸有限公司
2021年9月30日

目录

项目一
新娘化妆造型服务

- 任务一　西式新娘化妆造型 ... 003
- 任务二　中式新娘化妆造型 ... 009
- 任务三　晚宴新娘化妆造型 ... 017

项目二
宴会化妆造型服务

- 任务一　主题PARTY化妆造型 ... 024
- 任务二　公司年会化妆造型 ... 030
- 任务三　创意晚宴比赛造型 ... 037

项目三
舞台化妆造型服务

- 任务一　T台秀场化妆造型 ... 047
- 任务二　节目主持人化妆造型 ... 053
- 任务三　舞台表演化妆造型 ... 059

项目四
摄影化妆造型服务

任务一 人像摄影化妆造型 063
任务二 服装产品拍摄化妆造型 069
任务三 喷枪化妆造型 075
任务四 古风摄影化妆造型 078
任务五 儿童摄影化妆造型 082

项目五
影视化妆造型服务

任务一 老年妆造型表现与应用 087
任务二 黑人妆造型表现与应用 094
任务三 骷髅妆造型表现与应用 101
任务四 伤效妆造型表现与应用 106

参考文献 111
后记 112

项目一

新娘化妆造型服务

　　婚礼是女人一生中最盛大的"节日"。每位新娘都希望在那一日绽放自己的极致魅力，吸引全场倾慕的目光，为自己留下永恒的美好记忆。新娘妆既要美观迷人，又不能浓妆艳抹或过于炫目。

　　每一位新娘都有自己的喜好，作为新娘的化妆造型师，首先要做到的是让完成的妆容得到新娘的认可。在尊重新娘意见的前提下，还应根据自己的专业知识给出建设性的意见。决定造型的因素很多，首先要观察新娘头发的长短、发质、发色等情况，以此来确定造型的基本操作方式；另外，整体的造型要与妆容相互吻合，能够合理搭配，呈现较为完美的效果。当然，做到这些远远不够，不可忽略的还有头饰、耳饰、项链等配饰的选择，选择合适的配饰可以起到画龙点睛的作用，使整体感觉更加完美。新娘妆容的风格有很多种，每种风格在不同的场合要把握的重点也有所不同。需要注意的是，风格并不是孤立存在的，需要整体的风格统一，提高化妆师的整体审美和搭配能力是非常重要的。

学习目标

素养目标

1. 具有良好的人文科学素质和一定的美学修养，树立质量、环保和安全意识；
2. 通过训练和作品欣赏培养学习者良好的审美眼光和对时尚的敏锐度；
3. 基本掌握从设计到操作的实际工作过程，锻炼独立的造型能力；
4. 有良好的沟通和合作能力，以及坚持创新和吃苦耐劳的精神；
5. 具有良好的职业形象，树立"以人为本的服务意识"；
6. 通过不断的项目实操训练和严格的考核要求，培养学习者严谨、持之以恒的敬业精神，养成细致、耐心、认真的职业习惯。

知识目标

1. 了解新娘化妆师岗位礼仪与服务常识；
2. 了解新娘的风格特点；
3. 明白基本的配色原理；
4. 掌握饰品的佩戴方法。

技能目标

1. 能根据新娘条件制定设计方案；
2. 能根据新娘五官进行矫形化妆，起到美化作用；
3. 能结合妆面进行发型设计以及发饰的佩戴；
4. 能根据服装和造型风格进行配饰搭配；
5. 具有一定的协调配色能力。

任务一 | 西式新娘化妆造型

一、任务情景

婚纱客户基本信息

客户编号：

新郎：	新娘：王小姐	预约日期：	年　月　日　时
电话：	电话：	拍摄日期：	年　月　日　时

套系内容		客户信息	
提供新娘妆面造型6次，造型共6组，拍摄2天		图1-1-1　顾客素颜照 身高：168cm　体重：49kg	图1-1-2
拍摄礼服（6套）全场服装任选	外景（3）个	INS森系、文艺复古、画意东方	皮肤：混合型，有小斑点
	实景（3）个	爱丽丝梦游仙境、网红涂鸦、重返初恋	鞋码：36码
注意事项		眼睛比较敏感，对酒精、胶水过敏，身材匀称 顾客诉求：喜欢小清新、减龄造型	

二、任务实施

（一）前期准备

1. 沟通了解

提前查阅顾客的档案，了解顾客的基本情况，如头发的特点（发长、发量、发质）、皮肤的状态及个人的喜好等，以便提前做好准备。拍摄前一周代表公司对顾客进行温馨提示，以便当天的拍摄顺利进行。

2. 温馨提示

① 新娘请准备一件无肩带内衣。

② 请提前修剪好指甲。
③ 请先行将腋毛清理干净。
④ 拍摄前一天晚上，尽量不要饮用太多水，防止拍摄当天眼睛浮肿。
⑤ 拍摄前一天请洗头，不要用护发素。
⑥ 拍摄当天尽量不要穿套头式衣服，避免更换礼服时破坏发型。

3. 任务分析——方案制定

（1）新娘风格判断

在新娘风格美学中，需要结合模特自身条件，通过科学诊断来判断适合新娘的风格，达到风格和个人形象统一，使整体造型更加完美。一个完整的个人风格包含：面部特征、身材骨骼、个人喜好、审美、性格、职业。其中面部特征和身材骨骼属于较恒定因素。

（2）浓颜系和淡颜系的特点

① **浓颜系特点**：面部视觉冲击力强，不用依赖妆感也能最大限度地放大五官优势，五官深刻，毛发较浓，面部整体色调偏明媚感，五官占比大，面部留白少，骨骼感强，脸型轮廓比较立体，适合复古、巴洛克等风格造型。

② **淡颜系特点**：骨骼感不强，更有肉感；面部线条柔和，面部没有明显的转折；"三庭五眼"中，下巴偏短，中庭偏短，眼睛、鼻子、嘴巴至少有两个给人感觉钝角多，适合自然、森林系、韩系等风格造型。

综上分析：模特不是浓眉大眼型，更偏向于淡颜系特点，不适合浓妆，否则会掩盖模特的气质；模特颧骨偏高，也不适合小女人型的森林系风格，以干净自然风和韩风造型为佳（图1-1-3）。

（3）婚纱款式选择

自然风格的婚纱照，给人的第一感觉就是清新、素雅，而且非常贴近自然，即清新、超凡脱俗。在婚纱的选择上，面料以轻容飘逸的材质为佳，柔软顺滑的质地能凸显女性的柔美。

（4）配饰搭配

在头饰的选择上，以羽毛类、花材类、纱类、珍珠类等材质为主，饰品不宜过大，材质要求精致，色彩要与服装有呼应。

图1-1-3

（二）实施过程

1. 任务实施——妆容步骤讲解

（1）妆容要点

自然型风格的新娘需要突出清灵剔透的底妆和减龄的配色，眼影以平涂为主，在妆容的打造中，需要扬长避短，突出新娘清新典雅的妆面。

（2）造型重点

① 配色以暖橘色、紫玫瑰色系为佳。

② 妆面的配色原则是以类似色配色。

③ 注意弱化妆面的线条感，如眼线、唇线等。

（3）化妆步骤（图1-1-4～图1-1-12）

▶ 微信扫码 ◀

1. 西式新娘化妆造型妆容篇

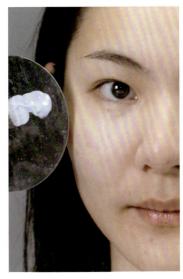

图1-1-4　将隔离霜均匀地涂抹在肤色暗沉、有红血丝处，调整肤色。

图1-1-5　选择比原有肤色稍白的色号粉底液，用粉底刷将粉底液均匀地涂抹在全脸。

图1-1-6　用眼影刷蘸取米色眼影涂抹在眼窝及眼周，再蘸取浅橘色眼影涂抹在眼皮偏下的位置。

图1-1-7　用眼线刷蘸取黑色眼影粉，紧挨睫毛根部勾勒出干净流畅的眼线。

图1-1-8　选一款清新自然的假睫毛，用镊子夹取单簇假睫毛，紧挨着睫毛根部进行粘贴，让真假睫毛自然衔接，避免分层。

图1-1-9　将睫毛梳顺，选择清透型睫毛膏刷上下睫毛，注意少量多次，保持睫毛根根分明。

图1-1-10　用适合原本眉毛色号的眉笔沿着眉毛生长的方向对眉毛进行描画，确保线条流畅。

图1-1-11　保持唇部滋润，用口红刷将口红自然地涂在嘴唇处，涂抹后，确保唇部饱和，唇部边缘线干净完整。

图1-1-12　清晰自然的妆容，突出顾客干净、甜美气质。

2. 任务实施——发型步骤讲解

（1）发型要点

自然型风格的发型重点是自然、蓬松，如在发丝中注入了空气一样，并强调发型随意、灵动的感觉。

（2）造型手法

编辫子、抽丝。

（3）造型重点

① 注意头发的分区，将后区的头发划分到头发较少的区域，保证头发的饱满。

② 编发时需让辫子保持松散，不可太紧，以便于抽丝。

③ 编刘海时需要适当地向上提拉，让前区更饱满。

④ 注意头发区域与区域之间要自然衔接，不要出现断层或者露白。

微信扫码

2. 西式新娘化妆造型
发型篇

（4）发型步骤（图1-1-13～图1-1-21）

图1-1-13　用尖尾梳做好左右分区，用吹风机及滚梳将头发吹直吹顺。

图1-1-14　将头发贴近额头处分为左右两股，用卷发棒做竖卷卷发。

图1-1-15　将顶区头发做横卷，保证头发的饱满度。

图1-1-16　头顶的头发容易塌，用卷发棒挑选上方部分头发做侧卷。

图1-1-17　刘海区的头发分别向后区斜上做拉卷。

图1-1-18　将烫卷的两股头发分别沿着两侧向后编三股辫，并固定好两边的位置，将编好的辫子拉出自然感。

图1-1-19　将头发扎起，在头顶处扎出花苞型，并将靠近颈部的碎发编出小辫子向丸子处摆放固定好，再拉出自然蓬松感。

图1-1-20　在头发两侧喷上发胶，将两侧的小碎发做内扣。

图1-1-21　取轻盈好看的头纱发饰，别在一侧头顶，让整体发型更有灵动感。

3. 任务实施——整体造型搭配

干净、清透的妆容配简洁的头纱造型，并以珍珠耳坠做点缀，整体造型突出新娘清新、自然、甜美的气质风格（图1-1-22～图1-1-24）。

图1-1-22

图1-1-23

图1-1-24

三、效果评价

① 粉底厚薄均匀，妆面干净，突出新娘皮肤细腻质感。
② 妆面色彩协调，层次过渡衔接自然，表现新娘的喜庆甜美。
③ 发型设计与妆容、服装风格统一、协调，突出新娘气质。
④ 服装选择与主题、身材、肤色、年龄、气质相协调。

四、任务小结

① 每个人的五官各不相同，化妆师在做造型时不要拘泥于一种表现形式，而是要根据每个人的自身情况加以适当的细节变化。
② 白纱新娘妆容讲究的是自然清透的感觉，在处理妆容的时候要抓住这个核心思想，并在此基础之上加以创新，设计出更适合新娘气质的造型。
③ 在设计妆容的时候，要根据新娘的年龄、气质、喜好等因素来调整思路，做好沟通工作。
④ 不要拘泥于一种色彩。白纱新娘妆容一般会采用大地色的眼妆，但这并不是唯一的色彩表现方式。根据配饰、场景等需求，白纱新娘妆容也可以有多样的色彩变化。只是不管采用哪种表现方式，其最终表现的妆容感觉都应该是唯美、自然的，而不是浓妆艳抹。

任务二 | 中式新娘化妆造型

一、任务情景

婚纱客户基本信息			
			客户编号：
新郎：	新娘：张小姐	预约日期：	年　月　日　时
电话：	电话：	拍摄日期：	年　月　日　时
客户信息		服装款型	
身高：168cm 体重：49kg	图1-2-1　顾客素颜照	图1-2-2	图1-2-3
注意事项	服装为高级定制，需要提早准备配套头饰		

二、任务实施

（一）前期准备

1. 任务知识点

近年来，将中国优秀传统文化融入婚礼设计已然是婚庆市场上的热点，中式服装、中式元素、中式场景设计备受青睐，婚庆市场向传统回归的倾向越来越明显。但值得注意的是，现代婚礼中式的造型并非完全照搬我国传统的中式造型，而是在其基础上进行了材质、款式、佩戴改良的创新，使其更符合年轻人的审美。

适合场景： 中式婚礼、敬茶环节、中式套系拍摄。

2. 任务分析——方案制定

（1）顾客分析

顾客"三庭五眼"比例标准，眼大有神，气质婉约，非常适合中式造型（图1-2-4）。

（2）服装分析

中式服装主要有秀禾服、龙凤褂、旗袍和汉服，这些服装款式各有特点，需要根据顾客的身材、气质和使用的场合进行挑选。

① **秀禾服**：电视剧《橘子红了》中秀禾穿的就是秀禾服。秀禾服比龙凤褂更有自然亲和力，并且对人的身材要求不高，胖瘦都可以（图1-2-5～图1-2-7）。

图1-2-4

图1-2-5

图1-2-6

图1-2-7

② **龙凤褂**：上衣为褂，下衣为裙，对襟，一般为七分袖，图案以龙凤为主。龙凤褂是起源于清朝的一种中式传统嫁衣，寓意着富裕和快乐。一般来说，金银丝线刺绣面积越大，也更为昂贵（图1-2-8）。

（a）小五福　　（b）中五福　　（c）大五福　　（d）褂后　　（e）褂皇
刺绣面积约50%　刺绣面积约50%～70%　刺绣面积约70%～80%　刺绣面积约85%～90%　刺绣面积95%～100%

图1-2-8

③ **旗袍**：旗袍是中国女性的特色服装，最能体现东方女性的气质，同时又可以穿出一种成熟味道。经过不断的创新和改良，旗袍已成为婚礼婚宴中敬酒环节的婚服之一（图1-2-9～图1-2-11）。

图1-2-9　　　　　　　　图1-2-10　　　　　　　　图1-2-11

④ **汉服**：全称是"汉民族传统服饰"，又称汉衣冠、汉装、华服，是以"华夏—汉"文化为背景和主导思想，以华夏礼仪文化为中心，通过自然演化而形成的具有独特汉民族风貌性格的服装。

（二）实施过程

1. 任务实施——妆容步骤讲解

（1）妆容要点

中式服装的妆容因服装的华丽感，妆容可以适当浓一些，特别是嘴巴和腮红的颜色可以重点强调。在画唇妆的时候要尽量画得比较饱满丰润，勾勒出好看的唇形。腮红可以用立体打法，突出新娘的娇嫩和喜庆。

▶ 微信扫码 ◀

3. 中式新娘化妆造型妆容篇

（2）造型重点

① 配色以暖橘色、暖金色系为佳。

② 妆面的眼影、腮红和口红颜色要协调。

③ 勾勒出好看的唇形，嘴唇要显得饱满丰润。

（3）化妆步骤（图1-2-12~图1-2-20）

图1-2-12　打完隔离霜，为了纠正面部颜色不均，可以选择合适的粉底液，均匀打在全脸，再用遮瑕膏遮住黑眼圈和面部的一些小瑕疵。

图1-2-13　用眼影刷蘸取米色珠光眼影做眼部打底，再用暖橘色珠光眼影涂在眼皮最下方及下眼睑处。用棕色眼线笔贴着睫毛根部画出流畅干净的眼线。

图1-2-14　用睫毛夹均匀夹翘每根睫毛，让睫毛呈现自然向上的扇形。

新娘化妆造型服务　项目一

图1-2-15　夹翘睫毛后,用睫毛膏定型,再用单簇睫毛进行粘贴,注意睫毛的疏密,保持自然。

图1-2-16　选取咖色眉笔,顺着眉毛走向填补原生眉空缺的地方,画出干净自然的眉毛。

图1-2-17　用腮红刷蘸取适量腮红,轻轻扫在颧骨最高处,并向周围过渡,注意少量多次,打出自然通透的感觉,提升气色。

图1-2-18　将适量高光膏用手指涂抹在颧骨最高处和鼻尖、鼻梁上,注意涂鼻梁高光时不要将整段鼻梁涂满。

图1-2-19　保持唇部滋润,用口红刷蘸取橘红色口红均匀自然地涂满在嘴唇上,少量多次,确保嘴唇看起来干净饱满,唇线干净。

图1-2-20　妆容完成后,看起来自然干净,有气质。

2. 任务实施——发型步骤讲解

（1）发型要点

卷头发要保持同一个方向,卷筒要干净,穿插要自然衔接。

（2）造型手法

倒梳、烫卷、编发、卷筒。

▶ 微信扫码 ◀

4. 中式新娘化妆造型
发型篇

013

（3）造型重点

① 注意头发的分区，要分得干净、到位。

② 注意各个卷筒之间的分布，要从各个角度保持后区的饱满。

③ 编发时要注意两边的对称，以及跟卷筒之间的衔接。

④ 注意头发区域与区域之间要自然衔接，不要出现断层或者露白。

（4）发型步骤（图1-2-21～图1-2-29）

图1-2-21　用吹风机协助滚梳，将头发吹直、吹整齐，再分出发区，用夹子将上方部分头发暂时固定。

图1-2-22　用卷发棒将分出发区的头发烫卷。

图1-2-23　其余头发按照与上一步相同的卷发手法烫卷后，用梳子将其梳理整齐。

图1-2-24　用尖尾梳将贴近颈部的头发分出来，再将其分为上下两部分，均匀地倒梳下半部分头发。

图1-2-25　将后区头发向上拉出一个小发包，用皮筋绑住头发，并用夹子固定住。

图1-2-26　把剩余头发扎成马尾，从马尾中取出一片发片，利用卷发卷出的弧度做成卷筒样式，并进行固定。

 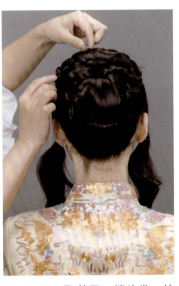 

图1-2-27　依次分出发片,以连环卷或卷上卷形式进行打卷处理,根据发包饱满度进行叠加固定。

图1-2-28　取前区一缕头发,编成麻花辫,再将其固定在发包正前方位置,用U型夹调整固定发辫的位置。

图1-2-29　把左右两边分出的头发各往左右两边梳整齐,再向后边梳好固定,将多余的头发缠绕在发包底部。

3. 任务实施——整体造型搭配

自然优雅的妆容配上精致华丽的头饰,整体化妆造型衬托得新娘更加华贵优雅(图1-2-30～图1-2-32)。

图1-2-30　　　　　　　图1-2-31　　　　　　　图1-2-32

三、效果评价

① 粉底厚薄均匀，妆面干净，强调面部的立体感，过渡自然。
② 眉毛有型、干净、对称又流畅。
③ 妆面色彩协调，层次过渡衔接自然。
④ 配饰选择与服装协调，富有美感。
⑤ 发型设计与妆容、服装风格统一、协调，突出新娘端庄气质。

四、任务小结

① 中式礼服多以红色、金色为主，眼妆的色彩选择暖色调最合适。用有珍珠光泽的淡粉色眼影涂满上眼睑，在眼窝处涂杏色眼影，并用贝壳色过渡眼影和眉骨，单眼皮新娘可以选择接近肤色的亚光眼影打底。

② 中式新娘妆眼影的颜色相对浅淡，可以用黑色或棕色眼线、睫毛膏强调眼睛的轮廓，用嫁接睫毛的方法一根根粘贴睫毛，使眼睛更加有神韵。

③ 唇妆是中式新娘妆的重点，色彩应该更鲜艳，和礼服相呼应。新娘妆重在唯美，比如正红的秀禾服，配夸张有个性的大红色唇妆也不够完美，涂完唇膏后加涂一层唇彩，效果才更佳。

新娘化妆造型服务　项目一

任务三｜晚宴新娘化妆造型

一、任务情景

客户基本信息				
新娘：王小姐	联系电话：	婚期：　　年　月　日		试妆时间：　　年　月　日
客户信息				服装款型

身高：168cm 体重：42kg	图1-3-1　顾客素颜照	图1-3-2
备注	晚上婚宴	

二、任务实施

（一）前期准备

1. 任务知识点

现在多数新娘在结婚当天至少穿三套衣服，就是我们俗称的"两纱一服"。这里的"一服"即敬酒服，顾名思义，就是婚礼环节结束后给宾客敬酒时新娘换上的衣服。白纱造型可以多样化，但由于在敬酒的时候新娘会近距离地与宾客接触，首先要考虑到敬酒造型应该以简洁、方便为主。

适用场景：敬酒环节、特色婚纱套系拍摄。

2. 任务分析——方案制定

（1）顾客分析

分析顾客"三庭五眼"比例，中庭偏长，皮肤瑕疵比较多，嘴角有点下垂，脸态较显幼态。

017

（2）服装分析

敬酒服是在近距离接触宾客时穿的衣服，既要得体大方，又要注意质感细节，防止走光。礼服的选择可以结合新娘的肤色、气质以及婚礼的主题来定，除了经典的红色系之外，也可以选择蓝色、金色等，款式上可以选择中式礼服、小蓬蓬裙、鱼尾裙等（图1-3-3~图1-3-5）。

图1-3-3

图1-3-4

图1-3-5

（3）发型分析

敬酒时为了方便行走，新娘应穿简洁的礼服，此时造型不用太过于花哨，但也不能太随意，只需简洁中不失端庄即可。发髻式盘发应该是最经典的敬酒造型，简洁利落，十分清爽，而且通过改变发髻的高度，整体风格也会变化：低发髻盘发成熟稳重，高发髻盘发则更加青春。既然是盘发，那么头发上的装饰必不可少，所选的头饰不宜太大，最好选择质感上好的蕾丝和轮廓感较强的发带，可衬亮肤色和妆容，也不会显得盘发太死板，还可选用一些绢花或者其他植物类装饰物来搭配红色系礼服。

（二）实施过程

1. 任务实施——妆容步骤讲解

（1）妆容要点

中式服装的妆容因服装的华丽感，妆容可以适当浓一些，特别是嘴巴和腮红的颜色可以重点强调。在画唇妆的时候要尽量画得比较饱满丰润，勾勒出好看的唇形。腮红可以用立体打法，突出新娘的娇嫩和喜庆。

(2)造型重点

① 配色以暖橘色、暖金色系为佳。

② 妆面的眼影、腮红和口红颜色要协调。

③ 勾勒出好看的唇形,主要是嘴唇要饱满丰润。

(3)化妆步骤(图1-3-6~图1-3-14)

图1-3-6 涂抹完妆前修饰乳之后,用美妆蛋选择比顾客原有肤色亮一号的粉底,进行全脸打底。

图1-3-7 选用微珠光橘色眼影进行上下颜色的三段式晕染。

图1-3-8 用眼线笔画出美瞳线,前细后粗,适当拉长眼线。

图1-3-9 选择单簇睫毛一根根粘贴,睫毛选择前短后长的型号。

图1-3-10 根据下实上虚的原则描绘睫毛,做到虚实自然。

图1-3-11 用遮瑕笔对眉毛的下缘线进行修饰,处理好后呈现出干净的眉形。

图1-3-12　选择橘色腮红进行结构式清扫，可以提亮气色。

图1-3-13　用唇刷蘸取口红，多次少量反复涂抹，注意唇线干净，唇中要进行提亮处理。

图1-3-14　妆面干净，突出眼睛，细节处理到位。

2. 任务实施——发型步骤讲解

（1）发型要点

华丽大卷发型和编发，打造茜茜公主发型。

（2）造型手法

倒梳、烫卷、编发、卷筒。

（3）发型步骤（图1-3-15～图1-3-20）

图1-3-15　加热25号卷发棒，并用它先在刘海区做一个大"S"卷。

图1-3-16　整个头发做平卷，注意卷的大小分区要均匀。

图1-3-17　头发表面侧区做反卷，做出头发外翻效果。

新娘化妆造型服务　项目一

图1-3-18　用气垫梳梳理整个头发，注意往头发的卷曲方向梳理。

图1-3-19　头发的波浪要做整理，翻出全区的大波纹。

图1-3-20　分出两片头发，交叉绑住，配上同色蝴蝶结。

3. 任务实施——整体造型搭配

突出新娘立体五官、纤长的睫毛、卷发加盘发造型，打造出洋娃娃式的茜茜公主造型，既甜美又可爱（图1-3-21～图1-3-23）。

图1-3-21

图1-3-22

图1-3-23

三、效果评价

① 粉底厚薄均匀，妆面干净，强调面部的立体感，过渡自然。
② 眉毛有型、干净、对称又流畅。
③ 妆面色彩协调，层次过渡衔接自然。
④ 配饰选择与服装协调，富有美感。
⑤ 发型设计与妆容、服装风格统一、协调，突出新娘甜美气质。

四、任务小结

婚礼结束以后，化妆师要抓紧时间对新娘的发型和妆面进行改妆，时间控制在20分钟以内，以保证新娘有充足的时间来给宾客敬酒，注意新娘妆面的持久性。

项目二

宴会化妆造型服务

　　晚宴妆顾名思义就是应用在晚会、宴会等礼仪气氛比较热烈、隆重或者高雅环境中的妆面。随着现代人社交活动的增加，参加各种社交聚会、晚宴的机会增多，优雅华丽的环境、讲究得体的服装和配饰、恰到好处的妆容，成为人们展现自身个性风采的方式。晚宴妆不仅可以扬长避短，充分展现女性的优美风姿，更代表一种礼仪，表现出对他人的尊重。不同的社交场合，可以展现不同风格的晚宴妆造型，与环境、气氛浑然一体。

　　晚宴妆妆面色彩对比强烈，搭配丰富，突出面部立体感，五官描画可适当夸张，可以充分显示女性的高雅、妩媚与个性魅力，要求与服饰、发型协调一致。宴会有正式和非正式之分，对造型的要求也不尽相同。作为一名化妆造型师，要具备根据不同的场合，顾客的气质、长相特点以及服装的颜色和款式进行有针对性的宴会化妆造型设计的能力，包括完成精致、立体的妆容，符合气质的发型，以及饰品和服装的搭配。

学习目标

素养目标

1. 具有良好的人文科学素质和一定的美学修养，树立质量、环保和安全意识；
2. 通过训练和作品欣赏培养学习者良好的审美眼光和对时尚的敏锐度；
3. 基本掌握从设计到操作的实际工作过程，锻炼独立的造型能力；
4. 有良好的沟通和合作能力，以及坚持创新和吃苦耐劳的精神；
5. 具有良好的职业形象，树立"以人为本的服务意识"；
6. 通过不断的项目实操训练和严格的考核要求，培养学习者严谨、持之以恒的敬业精神，养成细致、耐心、认真的职业习惯。

知识目标

1. 明白宴会化妆基本的配色原理；
2. 知晓并能区分三种不同场合宴会化妆的特点；
3. 知晓并能区分三种不同场合宴会发型的造型要求及饰品的佩戴方法。

技能目标

1. 能根据顾客条件制定设计方案；
2. 能根据顾客五官进行矫形化妆，起到美化作用；
3. 能结合妆面进行发型设计以及发饰的佩戴；
4. 能根据服装和造型风格进行配饰搭配；
5. 具有一定的整体造型协调能力。

任务一 ｜ 主题PARTY化妆造型

一、任务情景

出席活动目的：参加以Queen为主题的时尚PARTY活动			
地点	雅慧女子俱乐部	时间	某周日18：00
客户信息			

	身高：162cm	体重：52kg	鞋码：38码
	造型风格定位： 复古经典，好莱坞女星，高贵冷艳，优雅神秘		
	注意事项：额头过高过凸，皮肤易过敏泛红，身材均匀，个子中等。个人诉求是喜欢偏成熟的造型		
图2-1-1 顾客素颜照			

二、任务实施

（一）前期准备

1. 任务知识点

复古造型就是借鉴历史上某个世纪或某个年代的人物造型的风格特点，再加入现代流行元素所完成的时尚造型。复古造型往往更能彰显女性的性感妩媚，整体造型要凸显高贵冷艳的贵族气质，又不失神秘奢华的韵味。本次任务呈现的是借鉴二十世纪四五十年代好莱坞女星的经典复古造型。

适合人群：适合面部五官轮廓立体感强、长相成熟、气质高雅的女性。

2. 任务分析

（1）礼服款式搭配

拖尾式、斗篷式、高腰式的礼服都是不错的选择，面料上多以华贵的蕾丝、缎面为主，除了传统的大红色、黑色之外，也可以选择香槟色、金色等贵气的颜色。

（2）头饰搭配

头饰的选择以高贵的珍珠、华丽的羽毛、奢华的钻石等材质为佳，饰品不宜过大，材质要求精致，色彩要与服装有呼应（图2-1-2~图2-1-4）。

图2-1-2

图2-1-3

图2-1-4

（3）配饰搭配

适合搭配珍珠、水钻、锆石等材质的耳环或者耳坠，以及奢华复古风的吊坠项链。风格协调的点缀可为造型加分（图2-1-5~图2-1-7）。

图2-1-5

图2-1-6

图2-1-7

（二）实施过程

1. 任务实施——妆容步骤讲解

（1）妆容要点

在复古风格的宴会妆妆容打造过程中，需要突出干净立体的底妆和艳丽的红唇，眼妆突出利落细长的眼线，体现出性感和神秘，大胆地使用深色甚至是黑色的眉笔，勾勒出精致而高挑的眉形，总的来说，需要扬长避短，突出妩媚、艳丽的复古风妆面。

▶ 微信扫码 ◀
5. 主题PARTY化妆造型
妆容篇

（2）化妆步骤（图2-1-8～图2-1-16）

图2-1-8　粉底：利用深浅不同的粉底打造出立体的脸型，先用与肤色相接近的粉底打底，再用浅色粉底提亮"T"区、下眼睑三角区、下巴等部位。

图2-1-9　定妆：用定妆粉进行全脸定妆，定妆要仔细，尤其不要遗漏上下眼睑、鼻翼、嘴角等细节部位。

图2-1-10　修容：用双色修容饼进行高光和暗影的修饰，加强面部立体感。

图2-1-11　眼影：先用金棕色眼影渐层晕染，眼尾靠近睫毛根部用深咖色眼影加深制造深邃感，眉弓骨用米白色眼影提亮，体现眼部立体感。

图2-1-12　眼线：眼线的描画很重要，可用眼线膏描画眼线，重点是在眼尾处拉长1cm左右，并自然上挑，勾勒出一丝神秘感。然后将睫毛空隙填满，不要遗漏内眼角。

图2-1-13　睫毛：尽量用睫毛夹将真睫毛夹翘，用睫毛膏将睫毛刷卷翘。选择偏浓密的假睫毛进行粘贴，增加眼部神采，要做到与自身睫毛浑然一体。

 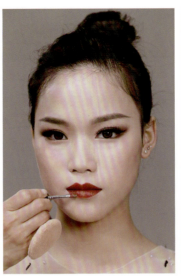 

图2-1-14 眉毛：整体眉形要细挑一些，但要描画得清晰精致。先用眉粉定出眉形，再用黑色眉笔加强眉峰、眉尾的立体感，适当表现眉头的绒毛感。可以用睫毛膏轻刷眉毛，使眉形富有立体的虚实感。

图2-1-15 唇妆：高调浓郁的红唇是妆容的重点，可利用唇线笔勾勒出饱满而丰厚的唇形，然后用饱和度高的唇膏细心描画，例如，玫瑰红、大红、绛红等都可以根据妆容选择，来营造明艳高贵的效果。

图2-1-16 腮红：唇色浓郁，腮红就要弱化，只需斜向轻扫修饰脸型，与暗影自然衔接。一般运用结构式打法，起到修饰脸型的作用。

2. 任务实施——发型步骤讲解

（1）发型要点

每片发片宽度为3cm，用卷发棒从发片的中间位置开始卷发，将发中至发梢的头发平铺在卷发棒上，再平行角度卷向距离发根3cm处，停留15~20秒，之后卷发棒慢慢退出，保证发卷不散乱的情况下，使用发卡固定发卷。发片的提拉角度为45°，偏移角度为0°。梳理摆放纹理时，需仔细观察每片发片的波纹走向，根据波纹的走向摆放一致，并且在卷发时卷发棒必须平行于地面，否则波纹将不会在同一水平线上。

▶ 微信扫码 ◀
6. 主题PARTY化妆造型发型篇

（2）造型手法

卷发、手推波纹。

（3）造型重点

卷发棒需要向同一个方向转动，厚薄均匀，水波纹理自然。

（4）发型步骤（图2-1-17～图2-1-22）

图2-1-17 后区：用28号卷发棒卷出纹理。首先从后发际线处向上使用尖尾梳平行分出3cm宽度发束，卷发棒从发片的中间位置开始卷发，停留15～20秒，之后卷发棒慢慢退出，保证发卷不散乱的情况下，使用发卡固定发卷。

图2-1-18 左右侧区：分别卷左右侧区，以同样手法依次将后区及左右侧区三个区域分别用卷发棒加热并固定。注意发片的提拉角度为45°，偏移角度为0°。此造型使用的是28号卷发棒，可根据最终造型的需要选择卷发棒的大小。

图2-1-19 梳理：使用宽齿梳，将所有头发梳理通顺，摆放大致的纹理方向，使用细齿尖尾梳进行精致纹理摆放以及整理碎发，依次将发中及发梢的纹理摆放一致，并使用定型发胶轻喷在整理一致的纹理处。

图2-1-20 刘海区：站在模特的右后方，将刘海向右后方梳理，以手推波纹的手法制作高刘海并使用发夹及发胶固定，发中及发梢同样使用手推波纹的方式与右区纹理摆放一致。

图2-1-21 饰品：选择了金棕色复古风的皇冠作为头饰，使用一字夹固定在头顶中间区域。

图2-1-22 背面呈现的水波纹效果。

3. 任务实施——整体造型搭配

20世纪40年代复古大波浪，使用偏分头打造此发型，刘海区通过手推波纹手法修饰脸型增加妩媚感，后区发型整体向下制作出大波浪，配上华丽高贵的发饰，整体效果艳丽、柔美又不失时尚感（图2-1-23～图2-1-25）。

图2-1-23　　　　　　　　　图2-1-24　　　　　　　　　图2-1-25

三、效果评价

① 粉底均匀服帖，通过高光暗影的修饰让面部更立体。
② 妆面色彩协调，层次过渡衔接自然，表现宴会的隆重高贵。
③ 发型设计与妆容、服装风格统一、协调，突出顾客气质。
④ 服装选择与主题、身材、肤色、年龄、气质相协调。

四、任务小结

① PARTY妆容要结合主题，强调个性、时尚，在处理妆容的时候要抓住这个核心思想，并在此基础之上加以创新，设计出更适合顾客本身的妆容。

② 设计妆容的时候，要根据顾客的年龄、气质、喜好等因素来调整思路，做好沟通工作。

③ 不要拘泥于一种风格，可以有多样的风格变化，根据服装的款式和色彩灵活变化风格。提前与顾客沟通好，并达成一致意见。不管采用哪种表现方式，其最终表现的造型要与主题搭配，并突出顾客特质。

任务二 公司年会化妆造型

一、任务情景

出席活动目的：参加公司年会			
地点	杭州四季青大酒店玫瑰厅	时间	晚上
顾客信息			

图2-2-1 顾客素颜照

职务：公关部经理　身高：175cm　体重：55kg

造型风格定位：
淑女风，清新俏丽又不失柔美雅致

注意事项： 肤色偏黄，五官标致，身材匀称。个人诉求是减龄、亲切又不失优雅的淑女造型

二、任务实施

（一）前期准备

1. 任务知识点

生活化的晚宴妆造型注重实用性，适用于正式的社交场合。造型要求强调健康自然美，强调时尚感，彰显个性特征。服饰与发型要符合妆型，发型样式自然简洁。本次任务是打造一款清新优雅的公司年会化妆造型，妆面清透自然，发型样式自然简洁又不失隆重感。

适合场合： 公司年会、颁奖典礼、慈善晚宴等。

2. 任务分析——方案制定

（1）顾客分析

顾客是一位长相大气、五官圆润、气质优雅又不失女人味的女性，适合端庄典雅的造型。

（2）服装分析

清新优雅的宴会造型适合搭配修身、简约、雅致的晚礼服，色调柔和，面料上可用水钻、珍珠等饰品点缀增加华丽感。礼服领型可根据脸型来选择，圆脸适合V领，长脸适合一字领。在服装的版型和面料上尽量避免过于烦琐。

（3）头饰搭配

头饰的选择以柔和的绢纱、亮丽的彩石、高贵的珍珠等材质为佳，饰品不宜过大，材质要求精致，色彩要与服装有呼应（图2-2-2～图2-2-4）。

图2-2-2

图2-2-3

图2-2-4

（4）配饰搭配

适合搭配珍珠、仿真花、水钻等材质的小耳环或者耳坠，以及有着细颈链的吊坠项链。小巧精致的点缀可为造型加分（图2-2-5～图2-2-7）。

图2-2-5

图2-2-6

图2-2-7

（二）实施过程

1. 任务实施——妆容步骤讲解

（1）妆容要点

整体风格清新、俏丽、甜美，又不失女性的柔美雅致。妆色与服装色相协调，描画要扬长避短，同时还要细腻自然，突出女性时尚、优雅、个性并存的美。

（2）化妆步骤（图2-2-8～图2-2-16）

图2-2-8　粉底：基础底要清透、服帖，用偏橘色遮瑕膏遮盖黑眼圈，再用浅色粉底适当提亮"T"区、下眼睑三角区、下巴等部位。

图2-2-9　定妆：用定妆粉进行全脸定妆，定妆要仔细，尤其不要遗漏上下眼睑、鼻翼、嘴角等细节部位。

图2-2-10　修容：用圆头刷修饰鼻侧影，再用暗影刷修饰颧骨和下颌骨，用色不要过重。

图2-2-11　眼影：采用渐层晕染的手法。上眼影用橘粉色打底，面积不宜过大，棕咖色在睫毛根部加深层次，下眼影同样如此，眼头用珠光白适当提亮。

图2-2-12　眼线：眼线不宜过粗，眼尾自然拉长3～5cm，通过眼线适当拉长眼形，注意填满睫毛空隙。

图2-2-13　睫毛：粘贴自然型的假睫毛。如顾客本身睫毛够长，可直接修饰真睫毛，用睫毛夹夹翘，并涂上睫毛膏。

图2-2-14 眉毛：眉毛的描画要自然、精致，可结合脸型选择略上扬的标准眉型，先用浅咖色眉粉定出眉形，再用棕咖色眉笔填补空缺，体现出一定的立体感。

图2-2-15 唇妆：整个嘴唇要圆润、饱满。唇膏用橘色口红，再加一些唇彩，表现唇部滋润的感觉。

图2-2-16 腮红：可选择团式打法或结构式打法，色彩尽量选择健康的嫩粉色或蜜桃色，体现出少女的清新感。

2. 任务实施——发型步骤讲解

（1）发型要点

不适合高耸的盘发，放射状、不对称式和向两侧走的发型更适合清纯俏丽型的女性。在发饰选择上，可以多选用彩带、花朵、彩色珠类等小巧可爱的饰品。

（2）造型手法

倒梳、扎发、抽丝、卷发棒。

（3）造型重点

整体发型需从多个面观察饱满度以及蓬松感，发型不能过于生硬不自然。在弧度处理上，尽可能地根据头发本身的纹理走向去摆放。

（4）发型步骤（图2-2-17～图2-2-25）

图2-2-17 分区：发型共分为三区，分别是刘海区、顶区、后区，分别用发卡固定。

图2-2-18 顶区1：将后区使用皮筋固定在枕骨处。顶区的头发表面预留出3cm厚度的发片做动感纹理以及包裹面，确保外轮廓饱满且圆润，喷少许发胶固定。

图2-2-19 顶区2：上一个步骤完成后再将顶区预留的3cm发束均匀梳理覆盖在倒梳的头发区域，用于包裹毛躁面，使用U型夹将倒梳头发的发梢固定在后区皮筋扎发处。

图2-2-20 顶区3：在顶区光洁面上，轻拉发丝，均匀用力，将发丝整理出片状，做不同角度及弧度的发片增加顶部的纹理感。

图2-2-21 后区1：使用卷发棒对后区发梢进行正反不同方向平卷。

图2-2-22 后区2：冷却后，随着发卷的纹理走向，借助一字夹固定在发根处，再进行抽丝，拉出蓬松感以及饱满度。

图2-2-23 前区：将发束向右后方梳理，使用U型夹辅助固定发梢，使用和顶区同样的手法抽出发片，并用U型夹辅助固定发型，喷少许发胶。

图2-2-24 耳侧发丝：两耳前的碎发可利用卷发棒余温进行处理，只需微卷带有弧度即可，使整体发型更自然。

图2-2-25 发饰佩戴：选用精致珍珠小饰品点缀在顶区和后区衔接处，丰富造型。

3. 任务实施——整体造型呈现

干净大气的妆容配合简约典雅的发型，体现顾客端庄典雅的气质（图2-2-26～图2-2-28）。

图2-2-26　　　　图2-2-27　　　　图2-2-28

三、效果评价

① 粉底均匀服帖,通透自然,重点突出皮肤质感。
② 妆面色彩柔和雅致,体现清透自然的淑女风。
③ 发型设计与妆容、服装风格统一、协调,突出柔美气质。
④ 服装选择与主题、身材、肤色、年龄、气质相协调。

四、任务小结

① 公司年会妆容讲究的是自然、雅致的感觉,在处理妆容的时候要抓住这个核心思想,年会、庆典避免不了同事之间近距离交流,因此妆容不宜过于浓艳,要充分发挥顾客的优势,做到扬长避短。

② 在设计妆容的时候,要根据顾客的年龄、气质、喜好等因素来调整思路,做好沟通工作。

③ 年会造型可以有多样的风格变化,根据顾客的长相、气质来制定与之相适应的风格造型,一旦与顾客意见达成一致之后,服装的款式、妆容的色调、发型的样式都要围绕所确定的风格来进行设计制作,最终呈现出三者协调统一的赏心悦目的整体效果。

任务三 │ 创意晚宴比赛造型

一、任务情景

任务目的	参加全国大赛晚宴化妆组比赛
地点	北京
比赛主题	以教育部颁发的高等职业学校人物形象设计、美容美发等相关专业教学的基本要求为依据，检验本专业的教学质量和学生掌握实际操作与设计创新技能

顾客信息

图2-3-1　顾客素颜照

身高：175cm	体重：55kg	鞋码：38码
主题方向： 以中国风为元素，用抽象线条的点缀式彩绘，进行高耸饱满的盘发，体现古典与时尚结合的创意晚宴造型		
注意事项： 妆面干净又立体、彩绘线条流畅		

二、任务实施

（一）前期准备

1. 任务知识点

比赛型创意宴会妆与生活型宴会妆特点相去甚远，它是在生活型宴会妆的基础上的艺术再创作，主要是用来欣赏，因此造型相对夸张，其造型目的多用于技术交流，通过作品的展示传达作者的艺术构思和对时尚的剖析与诠释。眼部化妆通常是造型的设计重点，可以根据比赛要求添加富有创意的装饰物或彩绘。创意宴会造型无固定模式和局限性，可无限夸张，但最后的整体造型效果依然围绕真、善、美的主题范围展开。

每次比赛之前，只有很好地解读技术文件，以及分析上几届的比赛作品，并结合当下流行的元素，才能设计出很好的作品。

（1）晚宴化妆

① 设计意图明确，构思新颖，突出主题，具有个性特征；整个妆面与顾客的气质、服饰、头发造型协调，整体造型高贵、典雅、大方，适合晚宴场所。

② 顾客不准文眼线、文眉、文唇，美目贴、假睫毛必须在比赛现场粘贴。

③ 粉底要求：面部粉底必须在比赛现场完成，不能有明显痕迹。在进场比赛前，允许脖子以下打粉底。粉底要求薄厚均匀，突出皮肤质感；色彩搭配合理，使顾客面部轮廓清晰。

④ 眉形、唇形、腮红等符合脸型特征，眼影用色合理，层次分明，晕染过渡自然；五官比例协调，立体感强，紧扣设计主题。

⑤ 化妆中技巧占60%，设计创意占40%。

（2）晚宴发型

① 赛前头发全部向后梳理，散发上场。允许赛前做好漂、染，含底色不能超过三色，色彩过渡协调。现场采用顾客本人头发造型，头饰不可超过真人头发的1/3。

② 晚宴发式造型要求体现个性化、时尚化、艺术化。发型高度不得超过顾客面部的2/3。（头发长短不限）

③ 发式、妆面、服饰搭配整体协调美观。

④ 梳理技术占60%，造型技术占40%。

（3）比赛得分

晚宴化妆、晚宴发型各占项目总分的40%，整体造型搭配完美占项目总分的20%。

（4）比赛时间

比赛时间共80分钟。

2. 任务分析——方案制定

与发型师沟通整体造型风格定位，根据技术文件要求，查阅了大量的资料，制定以玫瑰花为设计元素的造型设计方案，妆面以玫瑰花瓣进行眼部彩绘设计。

（1）礼服款式搭配

比赛创意宴会造型在服装选择上不能过于普通，需独特、夸张；在版型上可选择鱼尾裙或大摆裙；造型上体现出别具一格的创新点，可夸张某一部位，如肩部或胯部；色彩上适合选择黑、白等无彩色系，或者酒红、宝蓝、深紫等浓郁的色系。

（2）头饰搭配

在头饰的选择上可略夸张，造型、材质上不受限制，华贵的钻石、轻盈的羽毛、浪漫的绢纱等都可作为选择的对象，可充分发挥创意对饰品进行二次创作，设计出与整体造型相匹配的别具一格的饰品（图2-3-2、图2-3-3）。

(3)配饰搭配

选择与头饰材质、色彩相协调的配饰，配饰不一定要多，而是要恰到好处，如有了夸张耳环，就可以省去项链。饰品的运用要为整体造型起到加分的作用（图2-3-4、图2-3-5）。

图2-3-2

图2-3-3

图2-3-4

图2-3-5

（二）任务实施

1. 任务实施——妆容步骤讲解

（1）妆容要点

创意宴会比赛妆可大胆发挥想象力，设计出独特、夸张、唯美的妆容。以五官中的眼睛为设计重点，通过夸张的眼线、眼周的彩绘让眼睛成为整个妆容的焦点。此款妆容是一款既有中国风元素又不失时尚感的晚宴造型。

（2）化妆步骤（图2-3-6～图2-3-17）

图2-3-6　粉底：底妆重点是凸显面部轮廓。采用立体打底方法，先用肤色粉底调整和统一肤色，再用浅色粉底将"T"区、下眼睑三角区、下巴中间处提亮。

图2-3-7　定妆：用散粉仔细定妆。先定眼周、鼻梁、嘴周等细节部位，再定脸颊、额头等大面积部位。

图2-3-8　修容：用双色修容饼进一步强调面部轮廓感。因为是浓妆，暗影可稍重。

图2-3-9　眼影：先用浅红色眼影渐层晕染整个眼部轮廓，然后用深红色眼影自睫毛根部做渐层晕染，再用黑色眼影适当在眼尾根部加强层次，与下眼睑颜色呼应。

图2-3-10　眼线：用浓重框画式画法，上眼线画得略粗并在眼尾大胆拉长，下眼线画全包眼线，在靠近眼尾附近勾勒出假睫毛的效果，并在眼头画出小鸟嘴，进一步放大和美化双眼。

图2-3-11　睫毛：可选用浓密加长的假睫毛来搭配浓郁的眼妆，与真睫毛自然融合。为加强效果，贴好假睫毛后可再沿着睫毛根部用眼线液描画眼线。

图2-3-12　眉毛：整体眉形要立体清晰一些，先用深咖色眉粉定出高挑眉形，再用黑色眉笔描画出根根分明的毛流感，使眉形立体、生动。注意眉头不宜过浓，眉峰可略硬朗。

图2-3-13　唇妆：配合眼影的色调选择浓郁的红唇妆，可先用绛红色唇膏填满整个唇形，注意唇形要饱满、圆润、对称，再用大红色唇膏涂在上下唇中间处，使唇形更加饱满、立体。

图2-3-14　腮红：选用粉色腮红斜向轻扫修饰脸型，与暗影自然衔接。采用结构式打法，起到修饰脸型的作用。

宴会化妆造型服务 项目二

图2-3-15 彩绘1：用彩绘笔蘸取暗红色彩绘膏围绕眼周勾勒出柔美的线条。

图2-3-16 彩绘2：注意构图的美观性，左右采取均衡的设计，繁简得当。重点是线条一定要流畅、干净，尽量一笔到位。

图2-3-17 彩绘3：可以粘贴暗红色水钻进行点缀，丰富妆面。

2. 任务实施——发型步骤讲解

（1）发型要点

为打造高耸霸气的发型，主体采用发包的手法，发包的高度都需在倒梳以及均匀施力的时候精准把控。发包周围衬托花瓣形发片，营造高低错落感，再配上华丽高贵的发饰，整体造型复古、华贵、大气。

（2）造型手法

发包、发片、卷发棒、拉丝。

（3）造型重点

发包的光洁度，前区花瓣形发片的高低错落感，整体发型的饱满感。

（4）造型步骤（图2-3-18～图2-3-26）

图2-3-18　分区：发型共分为五区，分别是刘海区、顶区、后区以及左右两区，分别用发卡固定。

图2-3-19　顶区1：左侧耳上点画线穿过枕骨点至右侧耳上点的以上区域为顶区。先将顶区头发用皮筋固定在右侧瞳孔上方发际线深入5cm处，将发束均等分为两束，一束为倒梳面，一束为包裹面。

图2-3-20　顶区2：倒梳发束又分为若干份小发束，将发束均匀梳顺提拉90°垂直于地面，使用细齿尖尾梳从发根开始倒梳至发梢，均匀倒梳，再将倒梳的发束均匀用力向两侧施力拉成网状，喷些许发胶处理碎发。

图2-3-21　顶区3：双手固定发梢向后做卷筒，可借助大发卡暂时将卷筒的两端固定在发根处，再对卷筒的外轮廓进行调整使其饱满，完成后可喷些许发胶固定，并用一字夹将卷筒两端固定住。

图2-3-22　顶区4：把包裹面均匀梳理通顺，平铺在倒梳面上，手法需轻柔，在不破坏倒梳面形状的情况下，向后梳理将整个倒梳面包裹住，使其成为外观光顺整洁的发包，用U型夹固定住发梢，喷些许发胶定型。

图2-3-23　两侧区1：耳上点分出长5cm宽、3cm的长方形发束，将发束向顶区梳理，喷少许发胶并用一字夹固定住发中，利用发梢做花瓣形发片。

图2-3-24 两侧区2：发片制作需要借助双手配合尖尾梳梳出弧度，利用发卡辅助凹形状，整个制作需喷两次发胶，梳出半个弧度便需要喷一次发胶固定。

图2-3-25 刘海区：从顾客两个额角点及前顶点连线划半圆弧。同样用于做花瓣形的发片，多制造立体感，并留一束头发用卷发棒加热，用于点缀前区。

图2-3-26 后区：左侧耳上点画线穿过枕骨点至右侧耳上点的以下区域为后区。将后区头发向上梳理至顶区，喷少许发胶固定，使用卷发棒加热，冷却后需使用护发精油，发卷的发中及发梢都需均匀涂抹护发精油，这样能够在拉发丝时增加光洁度。

3. 任务实施——整体造型搭配

整体造型以玫瑰花为设计元素，妆面和发型协调呼应，整体造型时尚大气，富有新意（图2-3-27～图2-3-32）。

图2-3-27　　　　　　　　图2-3-28　　　　　　　　图2-3-29

图2-3-30

图2-3-31

图2-3-32

三、效果评价

① 粉底干净、服帖、立体，高光、暗影能较好地修饰脸型。
② 五官描画精致、立体、对称，层次晕染丰富。
③ 妆面色彩运用大胆，变化中又不失协调统一。
④ 发型设计与妆容、服装风格协调统一，紧扣创意主题。

四、任务小结

① 把握创意比赛晚宴造型主题是关键，确定了主题就要紧紧围绕主题展开设计，分别确定色调、服饰、妆面、发型。
② 在设计妆容的时候，要根据顾客五官的特点，强调立体感和细节感。
③ 创意比赛晚宴造型风格多变，对化妆师的技能和审美有着较高的要求，作品要体现出化妆师精湛的化妆技术和超凡的创作理念。无论体现什么风格，都不要偏离比赛主题。

项目三

舞台化妆造型服务

舞台妆是应用在舞台演出、专业比赛、专业展示等方面的化妆类型。舞台妆与各类舞台表演密不可分，涉及的范围十分广泛，且都是以整体造型的形式体现。比如不同场面的舞蹈演出、演唱会、时装走秀、专业比赛等，这里面包括演员的化妆造型、主持人造型等。

生活中也会经常接触不同规格的舞台表演活动，所以要了解舞台妆的特点。在掌握前面所学的化妆知识和技法的基础上，也能够胜任一般性的舞台化妆造型服务工作。舞台演出、比赛和展示等活动通常都是在比较强的舞台灯光下进行的，普通的装束在这样的环境中都会显得苍白，因此舞台妆妆面要突出强烈的效果。画舞台妆一定要了解所处的舞台环境，以此来决定妆面的浓艳程度。

素养目标

1. 具有良好的人文科学素质和一定的美学修养，树立质量、环保和安全意识；
2. 培养学习者独立思考的创新能力以及动手能力；
3. 培养学习者独立接单的业务洽谈能力；
4. 培养学习者的沟通能力和团队合作能力；
5. 理解和尊重不同的文化，具有国际化创意思维；
6. 具有良好的职业形象，树立"以人为本的服务意识"；
7. 通过不断的项目实操训练和严格的考核要求，培养学习者严谨、持之以恒的敬业精神，养成细致、耐心、认真的职业习惯。

知识目标

1. 了解舞台化妆造型的特点；
2. 了解舞台化妆造型的设计理念；
3. 了解舞台产品和工具的性能。

技能目标

1. 熟练掌握舞台化妆造型的操作技巧；
2. 熟练运用各种矫正的技巧，掌握舞台时尚造型的形象塑造能力；
3. 熟练运用创新思维，掌握采用新材料打造舞台创意时尚造型的能力；
4. 掌握通过效果图的绘制，满足顾客需求的设计能力。

任务一 T台秀场化妆造型

一、任务情景

为2021届浙江纺织服装职业技术学院华羽金顶现代学徒班设计毕业秀场造型。

二、任务实施

（一）前期准备

1. 沟通了解

2021届华羽金顶现代学徒班毕业设计秀主题为《山河》，意在通过国之元素在服装上的应用与表现，表达新一代青年的国之情怀，共分为2个系列，60套衣服，12个品类。

国之河山——景天系列：以景观、地理、自然为素材，通过对服装款式、面料、色彩、图案、工艺的应用，将以上元素呈现于作品中，且作品须符合品牌整体风格（图3-1-1、图3-1-2）。

图3-1-1　　　　　　　　　　　图3-1-2

国之文明——史诗系列：以历史中的人、事、物为素材，通过对服装款式、面料、色彩、图案、工艺的应用，将以上元素呈现于作品中，且作品须符合品牌整体风格（图3-1-3、图3-1-4）。

图3-1-3

图3-1-4

2. 任务分析

根据服装效果图和设计说明，制定妆面、头发造型参考方案（图3-1-5），并进行定妆。

图3-1-5　头发造型参考方案

（二）实施过程

1. 任务实施——妆容步骤讲解

（1）妆容要点

小烟熏妆最大的特点是用全包式眼线画法，紧贴眼皮，以中间最深到边缘变浅，在眼窝处形成深浅层次弥漫的眼妆效果，眼线与眼影融合在一起，妆面一定要干净，并突出深邃感。

微信扫码

7. T台秀场化妆造型妆容篇

（2）化妆步骤（图3-1-6～图3-1-14）

图3-1-6　对面部进行均匀打底，遮盖瑕疵，使肤色均匀。在鼻梁、眉弓、三角区进行局部提亮。

图3-1-7　用眼影刷蘸取少量肉棕色眼影，从睫毛根部进行结构式晕染。

图3-1-8　为了突出眼神，以眼线作为重点，用黑色的眼影粉沿睫毛根部进行全包式眼线画法，从而使整个眼睛拥有深邃的轮廓感。

图3-1-9　蘸取砖红腮红，进行结构式轻扫，在颧骨上方三角区进行局部高光提亮。

图3-1-10　选用正红色口红，均匀涂抹至唇部，勾勒出自然唇形，注意口红的饱满度。

图3-1-11　按照模特自身眉形用灰色眉笔补充空缺，画出自然且适合模特的眉形。

图3-1-12 在内眼头三角区用双修粉强调眼窝的深邃感,并与鼻梁进行自然过渡,拥有一个"高鼻梁"。

图3-1-13 选用更深一点的眼影加入眼尾,增加眼睛的深邃感。

图3-1-14 整体妆面用亚光红配一个精致的小烟熏妆,干净时尚。

2. 任务实施——发型步骤讲解

(1) 发型要点

中分一定要分得很直,把前额及两鬓的发丝全部梳理得光滑整齐,一丝不乱,发尾油发的处理要错落有致,注意正面和侧面的镜头效果。

(2) 造型手法

贴发、扎发、绑发。

(3) 发型步骤(图3-1-15~图3-1-23)

微信扫码
8. T台秀场化妆造型发型篇

图3-1-15 把头发中分变成两个发区,并用鸭嘴夹固定。

图3-1-16 左右两边均匀反复涂抹果冻啫喱,量要够,头发要贴合。

图3-1-17 把头发抓成两个马尾,用尖尾梳的尖部反复压平头发,减少头发梳痕。

舞台化妆造型服务　项目三

图3-1-18　把事先做好的假发扣在马尾根部，做好自然衔接。

图3-1-19　用模特自身发辫绕铁环一圈后，用一字夹固定，发尾用啫喱向上梳理成扁片状，使头发更有型。

图3-1-20　用发蜡棒，把杂乱的碎发整理干净。

图3-1-21　完成后，使用发胶整体地喷一遍，固定整个发型。

图3-1-22　在自身发辫和假发衔接处用黑色胶布缠绕，使发型更有整体感。

图3-1-23　油头加不规则的假发辫，发尾的细节作反翘处理，彰显时尚态度。

051

3. 任务实施——整体造型搭配

真假发结合，油头发辫，发尾细节反翘，妆面用亚光暗红配一个精致的小烟熏妆，整体造型干净又有独特魅力，贴合服装传递的概念——展现年轻人的时尚个性态度（图3-1-24～图3-1-26）。

图3-1-24

图3-1-25

图3-1-26

三、效果评价

① 粉底均匀服帖，突出皮肤的质感与面部的立体感，面部明暗过渡自然，妆面干净。
② 发型符合T台走秀的要求，技巧娴熟。
③ 整体造型符合秀场服装主题，突出时尚感。

四、任务小结

① T台秀场造型要为传递服装概念服务，所设计的妆发造型效果要充分考虑流行趋势、舞台布置、灯光等综合因素。
② T台秀场造型要突出模特的面部立体感，把握好面部结构关系，更注重造型的整体感和大效果。
③ 在画烟熏妆的时候要注意模特眉眼之间的距离，如果距离太近，可以选择后移式晕染手法，反之可以用前移式晕染手法。

任务二 节目主持人化妆造型

一、任务情景

某电视台新推出一档访谈节目,需要设计一名女主持人造型。请你根据和节目组与主持人沟通的信息,设计一款符合主持人气质特点,符合节目需求的造型。

二、任务实施

(一)前期准备

1. 任务知识点

节目主持人妆包括广播电视节目主持人、播音员和电视、网络视频广告形象代言人等人物的化妆造型。由于有强光的照射,这类妆色需要采用色泽饱和、鲜艳的色彩,轮廓刻画清晰,结构修饰自然。它既要与整体形象协调,又要达到美化的目的,个性的体现也是妆容表现的重要内容。根据节目类型及受众人群将节目主持人妆分为:新闻节目主持人妆、综艺节目主持人妆、少儿节目主持人妆、晚会节目主持人妆、访谈节目主持人妆等。

新闻节目主持人妆:新闻节目主持人一般包括纪实性新闻节目主持人和娱乐性新闻节目主持人。纪实性新闻节目主持人在着装的要求和妆容造型的感觉上都相对比较庄重,不会选择过于花哨的服装色彩,妆容也普遍采用大地色系的色彩。而娱乐性新闻节目,因为娱乐与时尚关系密切,主持人的着装和妆容造型相对比较时尚,有时候会有一些时尚元素的融入,比如眼妆的表现形式和服装的色彩就可以借鉴一些当下的流行趋势。

综艺节目主持人妆:这类节目每期的主持人的服装风格都会有变化,在化妆造型的时候要根据服装确定,比如根据服装的色彩、风格来确定自己的妆型方向,变化比较大。

少儿节目主持人妆:少儿节目主持人的形象一般是青春活泼、可爱的类型,具有与孩子沟通的亲和力,甚至需要带有一些稚气,因此少儿节目主持人整体形象设计要阳光积极。在服饰色彩运用上要偏鲜艳,整体妆容应搭配服饰,可以适当运用丰富的眼影色,发型也要体现活泼可爱的特点,可以添加发带、动物造型配饰等增加趣味性。

晚会节目主持人妆:晚会涉及的内容比较多,例如大型的歌舞晚会、公司年会、品牌发布会等大多带有晚会的性质,主持人一般以穿晚礼服为主,这类主持人的化妆造型大多比较端庄,并且有时尚气息的融入。

访谈节目主持人妆:这类节目的主持人的装束和化妆造型都会相对比较生活化,没有距离感。因为只有这样才会和嘉宾产生很好的互动,所以在处理这类妆型的时候要注意把握妆容的浓淡和造型的得体自然。

2. 任务分析

分析内容		分析结果
主持人主持什么节目		访谈节目
节目特点		目前访谈节目的类型有很多，从访谈内容上来看，包括时事评论类、财经类、人物访谈类等，呈现出或专业、严谨，或轻松、亲切的不同风格。因此，访谈节目的主持人要根据节目风格，选择适当的形象与之搭配。总的来说，访谈节目的主持人形象应该给人以清新、大方、知性的感受，避免形象过于花哨和夸张
主持人分析	脸型特征	椭圆形，脸部五官柔和，线条流畅，亲和力强
	身体特征	梨形身材，适合下深上浅的穿搭或者裤装
	气质风格	气质婉约，亲和力强，但年龄偏小，信任感不强，需要在造型上强调职业感

图3-2-1　素颜照

（二）实施过程

1. 任务实施——妆容步骤讲解

（1）妆容要点

整体妆面要求清淡，需使用质地轻薄的粉底、眼影、腮红及唇膏，清爽的妆容效果以突出主持人的专业性和亲切感。减少使用厚重质地和反光效果的化妆品，减少妆容带给人的浮夸感觉。

▶ 微信扫码 ◀

9. 主持人化妆造型
妆容篇

（2）造型重点

① 访谈类的节目拍摄景别往往比较近，所以妆容不宜太浓，睫毛不能夸张。

② 专业性强的访谈节目主持人多采用冷色调，体现智慧、理性；生活访谈类节目主持人适合暖色调，体现成熟与亲切。

③ 影棚内的正面光会减弱面部的立体感，而要打造成熟、知性的形象，骨骼结构和立体感必不可少。

（3）化妆步骤（图3-2-2～图3-2-10）

图3-2-2　用遮瑕笔蘸取遮瑕膏，根据不同瑕疵，选择不同产品遮住脸上瑕疵，使面部看起来干净。

图3-2-3　用美妆蛋蘸取与模特肤色相匹配的粉底膏，均匀自然地打在面部。

图3-2-4　用粉底刷蘸取深色粉底膏，涂在颧骨下方，制造面部立体感。

图3-2-5　用小号粉底刷蘸取高光膏，涂抹在额头、鼻梁、苹果肌和下巴处，增加面部立体感。

图3-2-6　用黑色眼线胶笔贴紧睫毛根部画出干净流畅的眼线，用眼影刷蘸取浅橙色眼影涂抹在眼皮上，下眼睑也用眼影刷轻轻带过。

图3-2-7　选择和眼影比较协调的偏橘色腮红斜向上轻扫，让面部的立体感更强、更有气质。

图3-2-8 用修容刷蘸取修容粉，在颧骨下方位置轻扫，增加面部的立体感。

图3-2-9 选择橘红色口红，描画唇部，注意唇边缘线干净，唇部饱满，体现主持人造型的气质特点。

图3-2-10 主持人多是近景拍摄，皮肤质感是至关重要的，自然大方的妆容更能突出主持人气质。

2. 任务实施——发型步骤讲解

（1）发型要点

访谈节目主持人发色通常以黑色为主，或者是自然的黑棕色或板栗色。内容较严肃的访谈节目，主持人多采用干净整齐的传统式盘发、半盘式披肩发和利落蓬松的短发。而内容轻松的访谈节目，主持人多采用蓬松式盘发或卷发造型，以及带有一定空气感的自然卷发。

（2）造型重点

吹风、卷发。

（3）发型步骤（图3-2-11～图3-2-19）

图3-2-11 用喷壶把头发喷湿，注意不要喷到脸上。

图3-2-12 用鸭嘴夹对头发进行分区，吹风机配合滚梳，把发根吹出微微内扣。

图3-2-13 吹好后面部分头发后，用滚梳贴紧头皮斜上拉紧头发，用吹风机将头发吹出蓬松感。

舞台化妆造型服务　项目三

图3-2-14　后顶区的头发也按照上一步骤手法处理，使头发呈现自然蓬松感。

图3-2-15　用尖尾梳把贴近额头部分头发斜向三七分，并梳出左边头发走向，吹型，以提高颅顶。

图3-2-16　用鸭嘴夹固定向左分出区块的头发，起到定型作用。

图3-2-17　用夹板将头发烫出内扣，使发型自然而不死板。

图3-2-18　取下头发前面的鸭嘴夹后，喷上发胶，固定前面头发。

图3-2-19　干净利落，发尾内扣，具有质感的发型突出了主持人的气质。

057

3. 任务实施——整体造型搭配

简洁大气的妆面和发型，契合访谈类节目贴近大众、服务大众的风格，给人一种自然感和亲和力，塑造清新、大方、知性的主持人荧幕形象（图3-2-20～图3-2-22）。

图3-2-20

图3-2-21

图3-2-22

三、效果评价

① 粉底厚薄均匀，服帖自然，巧妙遮盖面部瑕疵，突出皮肤的质感和面部的立体感。
② 唇型符合模特的脸型，唇线清晰，形状自然。
③ 主持人造型符合其节目的风格以及主持人的个人特点。

四、任务小结

① 做主持人的化妆造型，不同于平面拍摄和生活化妆，需要考虑的因素比较多，而这些注意事项一定要在主持人上场之前全部处理好，保证主持人顺利出镜。

② 注意现场的灯光对化妆的影响，要对现场灯光有一定的了解，灯光的强弱、角度都会对妆容效果产生影响，妆容太淡不够立体的话，观众看到的就是一张大白脸，妆容太浓的话又会觉得太夸张。

③ 现在很多摄像都是采用高清效果，一些细微之处也会看得非常明显，所以要注意化妆的细致，造型的轮廓、层次、牢固度，不要让失误出现在镜头中。

④ 有些录播的节目的背景只是一块蓝色或绿色的幕布，而通过后期的形式添加效果，也就是所谓的"抠蓝"。此时选择的色彩要避免与背景的颜色相同，否则很容易造成色彩流失以及增加后期难度。

舞台化妆造型服务　项目三

 任务三 ｜ 舞台表演化妆造型

学习目标

1. 了解舞台表演化妆的特点；
2. 掌握基础的舞蹈、音乐舞台剧、话剧的化妆造型技巧；
3. 具有一定的方案设计能力。

　　舞台表演化妆是塑造人物形象的艺术手段：一是以美化对象的仪表为目的，如歌舞、杂技、曲艺演出中的化妆；二是以塑造角色的外貌形象为目的，如话剧、歌剧、舞剧以及戏曲演出中的化妆。舞台表演化妆讲究"艺术性"与"技巧性"的有机结合，艺术既要源于生活也要高于生活。

　　在舞台表演中，演员的人物化妆造型设计、灯光效果、舞美设计等都是不可缺少的一部分，但是化妆造型设计是舞台表演的关键因素，要想完美地塑造一个人物形象，必须将化妆造型设计融入整个表演中。化妆造型设计不仅要符合演员的年龄、身份以及外表特征，而且还要契合剧情、故事情景，起到烘托舞台氛围的效果。所以，在舞台表演形式日益丰富的今天，重视人物形象塑造设计在增强舞台表现力方面显得格外重要。

一、舞蹈化妆造型

　　舞蹈化妆造型涉及诸多学科知识，不仅包括美学、心理学、设计学、艺术概论等，还涉及服装设计学、设计色彩、图案设计以及化妆造型设计等领域。创意化妆是舞蹈表演艺术中不可缺少的表现形式。舞蹈化妆，即演员与化妆师以适宜的化妆特效，将特制材质的油彩、羽毛、亮片等融于造型中，使演员与人物角色更加贴合，进而使电视舞台表演效果更佳。

　　电视舞蹈作品效果与服装及化妆造型、色彩搭配、特殊结构等息息相关，化妆造型要根据舞种人物动态要求展开具体的设计。现代化舞蹈作品分为独舞、双人舞、三人舞、群舞等舞蹈形式，又可分为民族舞、古典舞、现代舞、芭蕾舞、国标舞等舞种。

造型要点：

① 突出舞蹈演员肢体美。
② 突出舞蹈作品象征性。

二、音乐舞台剧化妆造型

　　音乐舞台剧作为一种戏剧艺术，是以舞台为展示场所，根据畅销小说、动漫以及影视剧等改编或创作的舞台音乐作品，表现内容丰富，形式多样化，需要精通灯光、舞台设计、造型设计和剧本创作等专业人才共同完成。在音乐舞台剧演出过程中，化妆师要利用自身的化妆技巧对演员外貌特征加以塑造，以便清晰展现角色的心理活动和身份等；或者

059

是以剧本人物形象为依据，对导演总体构思加以考虑，适当加入自己的创意，利用人物形象的塑造向观众传递无法用语言表达的内容。

造型要点：

① 音乐舞台人物的化妆设计是以现实生活的人物形象为依据进行的，它必须依据现实生活中造型设计目标，化妆造型要符合音乐剧中人物的形象特征。

② 人物的化妆造型还要与音乐舞台剧中的时代背景相符合。

③ 演员的化妆造型要进行适当的夸张化处理，以便使观众能够加深对音乐剧中人物形象的认识。

三、话剧化妆造型

在当今社会，随着公共审美艺术的发展和精神文化生活的丰富，对观看话剧等精神娱乐的需求也在不断增长。话剧化妆不仅是一种技巧，也是一种艺术。只有在表现形式丰富的情况下，才能通过话剧表演塑造不同类型的人物，结合场景的综合展示，提高表现效果，而化妆造型水平的高低直接影响整个舞台表演的演出质量。因此，有必要对舞台化妆造型进行全面而持续的研究，以提高舞台化妆造型的水平，使之更有效（图3-3-1、图3-3-2）。

造型要点：

① 剧场灯光和演出距离对色彩具有重要影响。化妆过程要确保色彩上的和谐统一，同时还要使人物造型鲜明艳丽。

② "写实"是中国话剧化妆的一个偏向。它要求话剧化妆既要形似也要传神，传神的基础是"形"。

图3-3-1 《初心》

图3-3-2 《朱凡》

四、任务小结

① 化妆造型设计者要以对舞台表演作品的整体把握为前提。在舞台表演化妆造型设计中，设计师首先通过阅读剧目的脚本资料，深入了解故事发生的地点、时间，了解故事发生的历史背景、故事发生的原因等。

② 化妆造型设计与舞台表演者的服装要协调统一。

③ 化妆造型设计要与舞台整体环境协调统一。

项目四

摄影化妆造型服务

  摄影化妆就是为镜头来呈现视觉作品服务的化妆类型。按照性质不同，可分为写实性摄影化妆和创意性摄影化妆两大类，具体有广告摄影、杂志摄影、服装摄影、人像摄影、婚纱摄影等。为了达到最终照片的视觉效果，化妆师除了要熟练掌握造型化妆技巧外，还必须了解摄影的用途、目的以及表现重点等各个方面的知识。如化妆师在接到广告摄影任务之后，必须先熟悉剧本，了解顾客的要求和摄影师或者导演的意图，然后进行具体的化妆造型设计，并画出分镜头或设计出化妆方案，以便更为直观地表达自己的设计意图。

学习目标

素养目标

1. 具有良好的人文科学素质和一定的美学修养，树立质量、环保和安全意识；
2. 通过训练和作品欣赏提升学习者的审美能力和对人像摄影时尚元素的敏感度；
3. 基本掌握人像摄影化妆项目从设计到操作的实际工作过程；
4. 有良好的职业沟通技巧和团队协作能力，并有一定的创新精神；
5. 理解和尊重不同的文化，具备自主学习的习惯和能力，具有国际化视野；
6. 具有良好的职业形象，树立"以人为本的服务意识"；
7. 通过不断的项目实操训练和严格的考核要求，培养严谨、持之以恒的敬业精神，养成细致、耐心、认真的职业习惯。

知识目标

1. 了解人像摄影化妆的基本流程和服务常识；
2. 了解人像摄影的风格特征；
3. 掌握人像摄影造型基本的配色原理；
4. 掌握人像摄影造型的饰品搭配方法。

技能目标

1. 能根据顾客条件制定设计方案；
2. 能根据顾客五官进行矫形化妆，起到美化作用；
3. 能结合妆面进行发型设计以及发饰的佩戴；
4. 能根据服装和造型风格进行配饰搭配；
5. 具有一定的协调配色能力。

摄影化妆造型服务　项目四

任务一 | 人像摄影化妆造型

一、任务情景

<table>
<tr><td colspan="4">客户基本信息
客户编号：2020003</td></tr>
<tr><td>新娘</td><td>章小姐</td><td>预约日期：</td><td>年　月　日　时</td></tr>
<tr><td>电话</td><td></td><td>拍摄日期：</td><td>年　月　日　时</td></tr>
<tr><td colspan="2">套系内容</td><td colspan="2">客户信息</td></tr>
<tr><td colspan="2">提供妆面造型1次，提供整体造型共2次，造型共2组，拍摄1天</td><td colspan="2">
图4-1-1　顾客素颜照
身高：160cm　体重：50kg</td></tr>
<tr><td>拍摄服装（2套）</td><td>实景（1）个</td><td>肖像写真</td><td>皮肤：混合型</td></tr>
<tr><td>特别注意事项</td><td colspan="3">皮肤比较干燥，有少量痘痕</td></tr>
</table>

二、任务实施

（一）前期准备

1. 沟通了解

　　提前查阅顾客的档案，了解顾客的基本情况，如头发的特点（发长、发量、发质）、皮肤的状态及个人的喜好等，以便提前做好准备。同时在拍摄前一周代表公司对顾客进行温馨提示，以便当天的拍摄顺利进行。

2. 温馨提示

　　① 拍摄前一天请洗头，不要用护发素。

② 请提前修剪好指甲，不要涂颜色。

③ 拍照前一天晚上8点后尽量不要喝水或饮料，避免拍摄当天面部浮肿。如果出现了轻微水肿，可以喝杯咖啡减轻水肿情况。

④ 拍摄当天尽量不要穿套头式衣服，避免更换服装时破坏发型。

3. 顾客分析

（1）面部分析

皮肤发黄且不均匀，有轻度黑眼圈。"三庭五眼"比例相对协调，五官柔和，眼睛较大，睫毛浓密。

（2）妆容设计

根据顾客对本次造型的需求，妆容自然清新，强调和突出面容本来所具有的自然美。在五官的修饰上不要过于夸张，选用柔和的色调，搭配和谐。定义为优雅复古风。

4. 任务知识点

近些年来复古风的热潮一直不退，喜欢复古风的人越来越多，"手推波纹+复古红唇"是复古风的经典造型。手推波纹可谓是复古发型的经典元素，更是许多造型师和新娘所青睐的发型手法之一。手推波纹卷其实是"Finger Waves"直译过来的发型名称，顾名思义，它的操作手法实实在在地是借助发型师的手"推理"而成。它早在二十世纪二三十年代就风靡好莱坞，在那时的大上海也红极一时，这在很多影视剧及老照片中都有所体现。不同的脸型搭配不同的波纹排列，或绾成发髻，或长发披肩，将经典的别样风情展现得淋漓尽致，且极具浪漫优雅的气息。

（二）实施过程

1. 任务实施——妆容步骤讲解

（1）妆容要点

妆容自然干净，主要突出肌肤天然的无瑕美感、明亮的大眼睛以及微笑红唇，突出顾客姣好的五官和面部的立体轮廓感。

（2）造型重点

① 不要选夸张的眼影，可以通过突出睫毛和眼线，加深眼睛的轮廓感。

② 底妆一定要清透、立体、自然。

③ 顾客嘴巴有点下垂，通过增厚下嘴唇，达到微笑红唇的效果。

▶ 微信扫码 ◀

11. 人像摄影化妆造型妆容篇

（3）化妆步骤（图4-1-2～图4-1-10）

图4-1-2　用粉底刷蘸取粉底液，将粉底液适量、均匀地涂在面部，底妆保持干净清爽。

图4-1-3　散粉定妆后，用眼影刷蘸取适量浅咖色眼影，从睫毛处开始向上涂抹，过渡自然，下眼睑的眼影要用同色呼应。

图4-1-4　用黑色眼线笔贴合睫毛根部，画出干净流利的眼线，眼尾要适当拉长。

图4-1-5　假睫毛涂上睫毛胶后，用镊子将其贴紧真睫毛根部，粘贴在一起，调整假睫毛位置。

图4-1-6　用眉粉填补眉毛空缺，再用眉笔画出毛流感，最后用眉梳整理眉形，使眉毛看起来更加自然。

图4-1-7　用睫毛夹夹翘睫毛，让真睫毛与假睫毛融合，用小刷头睫毛膏拉长下睫毛。

图4-1-8 用口红刷将口红涂在嘴唇处,保持唇部边缘线干净,画出微笑红唇。

图4-1-9 用腮红刷蘸取适量腮红,轻轻扫在颧骨最高处,增加面部色彩,注意过渡柔和。

图4-1-10 整体妆容大气、时尚,凸显顾客优雅气质。

2. 任务实施——发型步骤讲解

(1) 发型要点

手推波纹可谓是复古发型的经典元素,注意烫发的重要性,烫发需竖向均匀地分取发片,边烫边用钢夹将其固定,使发卷得到充分的定型,这个造型过程中,需要保持头发的光洁,不要出现凌乱、有碎发的现象。

(2) 造型手法

手推波纹。

(3) 发型步骤(图4-1-11~图4-1-19)

▶ 微信扫码 ◀

12. 人像摄影化妆造型 发型篇

图4-1-11 用吹风机和卷梳将头发梳顺后,用尖尾梳将头发分区,再用卷发棒卷出合适卷度。

图4-1-12 把下部分头发卷好后,将前区头发做成横卷,用鸭嘴夹夹住,固定卷度,注意卷筒要立起来。

图4-1-13 全部头发卷好后,用气垫梳将头发梳开,控制好想要的弧度。

图4-1-14　将烫好的头发梳顺，适当喷上发胶固定发型。

图4-1-15　用尖尾梳整理后面部分的碎发，再调整头发卷度。

图4-1-16　用尖尾梳梳顺头发，以便更好地整理出波纹的弧度，并在所烫的每个弧度处都分别用钢夹固定。

图4-1-17　用发蜡棒将左边贴近额头处的碎发顺着头发纹路涂整齐、干净。

图4-1-18　右边部分碎发的处理与上一个步骤手法相同。

图4-1-19　戴上白色丝绸大蝴蝶，与衣服材质相呼应，端庄复古。

3. 任务实施——整体造型搭配

突出顾客的双眸和嘴唇，眼睛深邃有神、双唇水润丰满，经典的手推波纹和同色系蝴蝶发箍加珍珠小耳环做搭配，整体造型端庄高雅却又不过分高调（图4-1-20～图4-1-22）。

图4-1-20

图4-1-21

图4-1-22

三、效果评价

① 妆面清透，眼睛深邃，嘴巴有型。
② 发型设计与妆容、服装风格统一、协调，突出拍摄主题——复古风格。
③ 服装选择与主题、身材、肤色、年龄、气质相协调。

四、任务小结

① 复古造型是历史经典呈现的风格，如巴洛克复古、20世纪20年代复古、港风复古等，在做造型前需要很好地了解历史，了解不同风格的特点，并加以强化。
② 在设计整体造型的时候，要根据顾客的年龄、气质、喜好等因素来调整思路，并按照现代的审美进行调整。
③ 复古造型除了妆面，经典发型也非常重要，需要有很好的基本功。

任务二 | 服装产品拍摄化妆造型

一、任务情景

为2021届浙江纺织服装职业技术学院华羽金顶现代学徒班设计毕业服装产品拍摄造型。

二、任务实施

（一）前期准备

1. 任务知识点

服装片化妆造型，顾名思义是为服装产品拍摄服务的化妆造型。在拍摄服装片的时候，模特是为了体现服装的美感，而不是压住服装的风头，把所有目光都集中在模特脸上，如此，服装拍摄是失去意义的。要深刻地理解一点，人物起到的是衬托的作用，主角是服装。做这种化妆造型的时候要提前对服装有所了解，比如服装的风格、色彩、定位等，以便能提前设计好妆发，配合服装师搭配好饰品，准备好搭配服装的鞋子等，有些时候还需要为顾客提供备选方案，以方便顾客选择。

2. 任务分析

（1）沟通了解

服装片的拍摄是一个团队集体合作的成果，需要拧成一股绳向一个方向使劲才能呈现最好的效果，所以做好前期的沟通和案头工作非常重要。

服装设计师：与服装设计师沟通了解服装的设计风格、设计意图及造型风格喜好。

摄影师：与摄影师沟通了解拍摄的时间、地点以及道具、背景和使用的灯光效果。

模特：要求模特发送最新模卡，了解头发的长短、五官、气质特点等。

设计说明：以景观、地理、自然为素材，通过对服装款式、面料、色彩、图案、工艺的应用，将以上元素呈现于作品中，且作品须符合品牌整体风格——中国风运动潮牌（图4-2-1）。

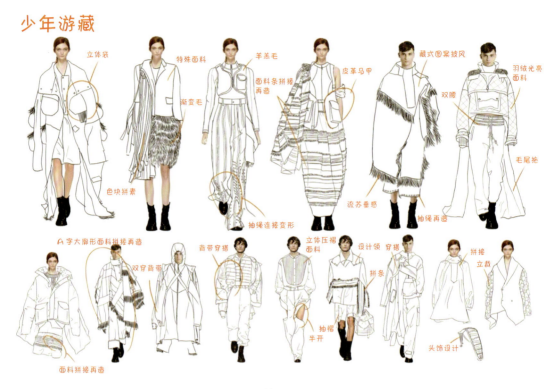

图4-2-1　服装效果图

（2）制定方案

在与服装设计师、摄影师和模特沟通了解后，制定妆面、头发造型参考方案（图4-2-2），并进行定妆。

图4-2-2　头发造型参考方案

（二）实施过程

1. 任务实施——妆容步骤讲解

（1）妆容要点

亚光妆面给人的妆效感觉是：有一种朦胧感，会让肌肤有一种雾面的质感。想要打造高端大气的亚光妆面，一是选择同色系，二是所用的粉底、眼影、腮红都需要使用亚光色彩。

（2）化妆步骤（图4-2-3~图4-2-11）

图4-2-3 做好护肤后，用遮瑕笔蘸取适量遮瑕膏，在黑眼圈处涂开，遮盖黑眼圈。

图4-2-4 选择黄色基调粉底液，由内而外、由下而上均匀涂抹全脸，最后用美妆蛋进行按压，不要产生刷痕。

图4-2-5 用散粉刷蘸取雾面散粉，均匀拍打在面部，可以吸收多余油脂，减少面部油光。

图4-2-6 用眼影刷蘸取大地色亚光眼影，大面积涂在眼窝处，边缘过渡干净，起到消除肿眼泡作用，下眼睑稍微带过，加深眼尾。

图4-2-7 用黑色眼线胶笔贴紧睫毛根部，画出自然干净的内眼线，卧蚕处涂上珠光眼影。

图4-2-8 用黑色眉笔填补眉毛空缺，并按照模特眉形根根画眉，确保线条流畅。

图4-2-9　用眼影刷蘸取与眼影相同色系的腮红,少量多次扫在颧骨最高处。

图4-2-10　用唇刷蘸取雾面吃土色唇釉,均匀涂抹在唇部,注意唇部饱满度和唇边缘线干净。

图4-2-11　妆容配色色系相同,面部轮廓立体,眉毛根根分明,整体妆面时尚干净。

2. 任务实施——发型步骤讲解

（1）发型要点

三个发辫一定要扎紧,头发纹理清晰,左右对称、平整。绑发时要注意三个辫子之间的衔接,确保各个拍摄角度都能出片。这个发型除了发尾的发片外,不能有散发、碎发。

▶ 微信扫码 ◀

14. 服装产品拍摄化妆造型　发型篇

（2）造型手法

扎发、缠绕。

（3）发型步骤（图4-2-12～图4-2-20）

图4-2-12　用喷壶将整头头发喷湿,用尖尾梳分出上、中、下三个区块,用夹子将上、中两区的头发夹起来,留下下区的头发。

图4-2-13　把尾部头发梳理整齐,用绳子固定,保持头发整齐,不要出现小碎发。

图4-2-14　用一根细的银绳子贴紧头皮,顺着头发向下进行旋转式缠绕,注意要贴紧,抓着的手不能松,以保持缠绕的紧度。

摄影化妆造型服务　**项目四**

图4-2-15　中间部分头发用与上一个步骤同样的手法，向下梳齐后用小银绳将其缠绕住，在贴紧下面部分头发后将两撮头发捆绑在一起，使其立住，凹出造型。

图4-2-16　用尖尾梳蘸取适量啫喱膏，贴紧头皮表面，反复梳理，将其表面小碎发梳干净，梳出头发纹理。

图4-2-17　梳干净后，贴合头发并扎紧头发，注意头发的平整，并用小银绳进行缠绕。

图4-2-18　将扎起的头发分为长度相当的三段，再将贴近头皮部分与第二段对折扎起，保持头发整齐度。

图4-2-19　在剩下的发尾部分涂抹啫喱膏，做成发片，分别向左右梳齐固定，凹出造型。

图4-2-20　发型干净、简洁，又有造型感，银绳与衣服颜色相呼应。

3. 任务实施——整体造型搭配

同色亚光妆面配以同样干净大气又不失细节的发型，与服装所传达的理念相吻合，展现出我行我素的时尚态度（图4-2-21～图4-2-23）。

图4-2-21　　　　　　　　　图4-2-22　　　　　　　　　图4-2-23

三、效果评价

① 粉底均匀服帖，突出皮肤的质感与面部的立体感，面部明暗过渡自然，妆面干净。
② 发型技巧娴熟，与服装相呼应。
③ 整体造型符合服装传递的理念，具有时尚感。

四、任务小结

① 在换服装时，如果不是连体衣最好只换上衣，以免把下衣坐皱；开始打粉底时不能打在脖子上，以防衣服沾上。
② 换装时遇到紧口的衣服，需要在模特头上套一个塑料袋（或一块纱巾），再套衣服。
③ 化妆师起承上启下的作用，要了解摄影师关于时尚的想法，也要熟悉拍摄场景，了解灯光打光情况，还需要了解模特适合什么样的造型。有些妆发即使是当下最时髦的，但也未必适合模特，所以要根据现场情况随时进行调整。

任务三 ｜ 喷枪化妆造型

一、任务知识

喷枪化妆又叫高清化妆，又名雾化彩妆、空气化妆等，是与欧美同步的时尚化妆方式，是一门在欧美的电影、电视、时尚圈非常流行的专业彩妆技术。正如其名，喷枪化妆是用喷枪来在皮肤上化妆，它是以气泵催动空气并雾化化妆品，然后喷染达到修饰、美化作用的化妆、美体技术。喷枪化妆已广泛用于电影、电视、舞台表演、广告摄影、艺术造型、人体彩绘等领域。

1. 喷枪化妆原理

喷枪化妆的原理是粉底液被气泵雾化后经由喷笔喷到脸上，手不会直接接触皮肤，不会在脸上留下印迹，上妆的效果均匀自然薄透，透气性超好，持久不脱妆。

高清雾化喷枪化妆是一种利用气流，配合特质粉底上妆的化妆方法，因所产生的雾化气体的分子量非常小，所以使得妆面更加细腻、光滑、持久，并有提升、收紧、遮瑕的多重功效。同时着妆者就像被微风吹过一样，非常舒适、清爽，整个化妆造型过程是一种全新的享受。整个过程有点像喷枪美黑法，是用一只小的喷枪进行的，小喷枪通过气流让化妆品能更好地贴合肌肤，营造一种光滑、均匀的质感。

2. 喷枪化妆特点

喷枪化妆不需要手直接接触皮肤，所以非常卫生。特制的喷枪化妆用粉底在有水溶性同时可以做到高度遮瑕的效果，有效地隐藏脸上的瑕疵。喷枪化妆凭其快速、轻薄、舒适、细腻等特点，成为化妆师、明星、造型师、新娘等首选的化妆方法。具体优点如下。

① 上妆均匀，妆面轻、薄、透，可以达到高度遮瑕效果，还可缔造完美无瑕的底妆。

② 能根据需要轻松调配各种颜色，不仅可以用于各种创意造型，还能调配出适合每个人个性和风格的最贴切的色彩。

③ 粉底、腮红、眼影、口红、高光都能完成，线条的描画和大面积的喷绘造型都能得心应手。

④ 化妆的速度快，时间短。

⑤ 妆容保持时间长，持久不脱妆。

⑥ 用量少，用清水就能卸妆。

二、任务实施

注重对喷枪的正确操作方法的掌握能力，能够根据妆面进行妆容方案设计，选用合适的喷枪工具与材料，并根据妆容方案和模特的面部骨骼结构进行妆容操作实践（图4-3-1～图4-3-9）。

图4-3-1 将粉底液和稀释液混合，抵住喷枪嘴，向下向后扣动扳机使得气体回冲稀释粉底液。

图4-3-2 喷染粉底时要均匀，一层层覆盖，利用模板遮挡发际线。

图4-3-3 用刷子蘸取适量散粉吸干水分和油分，使皮肤呈现亚光状态。

图4-3-4 用睫毛夹夹翘睫毛，并用三段式夹法让睫毛根根分明。

图4-3-5 往喷枪中滴入1～2滴黑色颜料，借助模板喷染眼线和睫毛。

图4-3-6 使用钢尺睫毛梳，梳通梳顺睫毛。

图4-3-7　往喷枪中滴入1～2滴修容液，喷染在颧弓下陷的位置，过渡自然。　　图4-3-8　往喷枪中滴入1～2滴嫣红颜料，借助模板选择合适的唇形进行唇部喷染。　　图4-3-9　喷枪妆面干净、持久。

三、创意喷枪造型案例欣赏

创意需要灵感，但又有别于灵感。因为灵感是特定时间和环境下碰撞时的火花，可能会瞬间消失。而创意则是对某一事物的整体构想，是系统化的整体思路体现。创意来源于不断学习而积累的知识、经验以及一个勤于思考的大脑，线条、色彩、拟人、拟物、未来太空等都可以作为我们进行创意设计的主题（图4-3-10～图4-3-12）。

图4-3-10　　　　　　　　图4-3-11　　　　　　　　图4-3-12

任务四 | 古风摄影化妆造型

学习目标

1. 了解古风摄影造型的特点；
2. 掌握古风摄影造型的操作技巧；
3. 熟练运用一般古风造型手法，满足古风摄影形象塑造的需求。

中国素有"衣冠之国"的美称。独具中国特色的"古风"也越来越受人们的欢迎，从影视剧到流行音乐再到如今的汉服日常化，古风造型不仅仅是一种人文艺术，还走进了我们的时尚生活。

视觉盛宴的时代，复古潮流盛行。随着人们审美水平的不断提高，已经不能用"仙""美"来形容，而且这一类造型风格也没有想象的那么单一，温婉典雅、清新仙气、灵动俏皮等应有尽有。在设计古风人物造型时不能生搬硬套，不能丝毫不变地复原，应该抓住摄影要表现的年代特点，结合当今的审美情趣和文化，既要做到人物形象真实可信，又要被顾客所接受和喜爱。

一、民国复古造型

民国时期，西方文化的大量涌入，现代女性的造型也随着变化和开放。从传统的大家闺秀的盘发，变成时兴的剪发，西方的烫发也传入国内，一时间烫发造型成为当时女性追求的时髦造型。

民国复古造型（图4-4-1～图4-4-3）作品的灵感大多来自二十世纪三十年代的上海滩，以旗袍、小礼帽、珍珠饰品、手推波纹、细弯眉、红唇等元素为主，体现了三十年代优雅的复古形象。

（1）妆容要点

① 民国复古造型在妆容的打造中，需要扬长避短，突出白皙的底妆。
② 底妆整体要求是亚光雾面妆容。
③ 眉型以偏细的柳叶眉为主，突出年代感。
④ 眼影以平涂为主，眼线打造出细长上扬的感觉。
⑤ 唇部注意流畅的线条，尽量不要选择珠光的质地。

（2）造型要点

① 制作"横S"手推波纹，紧紧贴着头皮，使用珍珠类饰品把鬓发固定于耳后。
② 穿贴身改良旗袍，通常使用珍珠类配饰。

图4-4-1

图4-4-2

图4-4-3

二、写实古风仕女造型

悠悠千年文化，脉脉含情服章。古风仕女造型一直受到中华韵味的熏陶，而今越来越多的人加入了复兴的热潮，选择去尝试写实风格的优雅。写实古风仕女造型（图4-4-4～图4-4-6）既有历史传统沿袭之下耐人寻味的美感，又有今时不同的审美差异，妆容造型亦是如此。

一旦接受造型工作，造型师就要对拍摄顾客的个性、喜好进行了解和考察。选择写实的古风仕女风格，要求尽可能地根据现代的审美去还原当时的风土人情和装扮特点。这就要求化妆师不仅要掌握熟练的化妆技术，同时还要对各个朝代的服装和妆饰历史有一定的了解。我国有五千多年的悠久历史，不同的年代、不同的地区都有其特定的妆饰特点。

（1）妆容要点

① 古风摄影需要突出清灵剔透的底妆和减龄的配色，以突出顾客的柔美为主。
② 眼影以平涂为主，颜色的选择要与服饰搭配相和谐。
③ 在眉形的处理上，可结合顾客自身的特点和服饰特征，以柳叶细弯眉为主。
④ 注意弱化妆面的线条感，如眼线、唇线等。

（2）造型要点

① 在古风发型设计中，前面刘海区的处理非常重要，一般在前发区梳理抱面，并且时常会使用假发片以及假发髻。

② 在假发髻的应用中，基底的处理一定要扎实，真假发的衔接，不要有空缺。如有避免不了的空缺，可以用发簪等饰品加以修饰。

③ 服装造型的选择应与顾客的气质相符。饰品风格的选择要注意与整体的风格以及发型的款式相适宜。

图4-4-4

图4-4-5

图4-4-6

三、写意奇幻仙侠造型

近年来，我国出现了一股奇幻仙侠题材影视作品的热播风潮。写意的奇幻仙侠人物虽然不出自历史复原人物，但从某种意义上来说，也是根据某一个历史时期的背景作为设计原型来进行创作的。从人物造型设计的角度探究这类写意的仙气飘飘的视觉设计要素，将影视剧中的俊男靓女们塑造成不食人间烟火的仙侠造型，这是架空了历史朝代背景的古装影视作品在人物造型设计方面的天马行空，可圈可点。

（1）妆容要点

① 写意奇幻仙侠造型（图4-4-7～图4-4-9）在底妆上需要突出清灵剔透的特点，但在整体的风格上可以突出个性化的需求。

② 妆容设计的重点是眉毛和眼妆。眼影可以在层次晕染和颜色搭配上更加大胆。在眉型的处理上，除了结合顾客自身的特点以外，可以突出整体造型的个性设计。

③ 可以增强妆面的线条感，如眼线、唇线等。

（2）造型重点

① 写意奇幻仙侠造型设计中，除了传统的古风发式梳理、假发片和假发髻的使用以外，要注意结构层次分明，使整个发型的设计充满流线美的审美风格和浪漫主义色彩。

② 服装造型的选择应与顾客的气质相符，突出奇幻和仙气飘飘的视觉感受。

图4-4-7

图4-4-8

图4-4-9

任务五 | 儿童摄影化妆造型

学习目标

1. 了解儿童摄影化妆师服务常识和流程；
2. 掌握儿童摄影的风格特征和定位；
3. 掌握儿童摄影化妆造型和服装搭配方法。

在人们生活水平日益提高的今天，从孩子出生起便用镜头为他们记录成长的脚步，留下美好的回忆已成为许多家长的共识，这就为专业儿童摄影孕育了巨大的市场。随着市场的不断发展、消费观念的更新，儿童摄影能提供的服务从百日照、满月照到儿童写真集，目标消费群是出生三十天到十六七岁的孩子，现在有些儿童影楼把怀孕的准妈妈也当成目标消费群。每一个家庭对专业儿童摄影机构的需求很迫切，要求的品质也很高。

儿童摄影更注重整体形象的塑造，应围绕拍摄主题进行形象创意，但不能破坏孩子自然、纯真的天然美感。儿童摄影的化妆造型一般根据年龄段的不同来区别对待，总体不适宜太过浓艳，应以自然效果为主。对于一些充满个性、别致的造型，可通过服装与饰品的搭配来做到。一般儿童摄影的妆面以淡妆为主，以抓住儿童的天真，而不失真为原则，化妆修饰只要点到为止。化妆的浓度，则随孩子年龄的增加而增加，男孩在多数情况下不需要化妆，即便需要也应该很淡，让人看不出化妆的痕迹。

一、杂志风儿童摄影化妆造型

杂志风儿童摄影，因其时尚新颖、画面活泼明朗，以及紧跟时代潮流的设计感，深得年轻人喜爱。杂志风儿童摄影设计元素简单，图片和文字的组合整体给人干净简洁的视觉效果，风格简约又显高级，以时尚硬照的方式最大限度地突出人物，把握形式美感的同时，更加深入表现人物的气质个性。

杂志风儿童摄影的风格定位就是：格调时尚，形式简单，贴近杂志化的影像质感，从效果上来说，这样的写真对人物本身的表现最为充分，通过服装和姿势，配合精致的光线，可以更好地塑造人物的形象，几乎摒弃了所有的附加装饰，进而使人物的形体和面貌得以清晰的展现。

(1) 妆容要点

① 粉底厚薄均匀，妆面干净、自然柔和、服帖，突出儿童皮肤细腻的质感。
② 不要刻意去修饰眉毛，平缓自然的眉形能表现儿童的天真可爱。
③ 每个人的五官各不相同，在处理妆容的时候，要根据每个人的自身情况加以适当

的细节变化。

（2）造型重点

① 服饰、配饰选择合理，符合杂志风儿童摄影化妆造型特点。

② 发型设计与妆容、服装风格统一、协调，突出顾客气质。

③ 在妆面上突出儿童的活泼可爱，在整体造型上挑选能体现主题的发型和服装。

（3）效果图片（图4-5-1、图4-5-2）

图4-5-1

图4-5-2

二、中国风儿童摄影化妆造型

中国风儿童摄影，除了建立在中国传统文化基础上、蕴含大量中国元素并适应全球流行趋势外，通常都有一种肃穆典雅的氛围及很浓的内在意蕴，它让身处都市的人找到一种精神回归的感觉，所以中国风儿童摄影作品比一般的摄影作品更加注重意境的表现。诗情画意的中国风儿童摄影融合了古典与现代审美，呈现孩子特有的单纯唯美画面，惊艳而不喧哗。

（1）妆容要点

① 妆容用色丰富，可增加饱和度，突出儿童活泼可爱的精神面貌。

② 眉形塑造相对较细，眉色多选用黑色来描绘出柔美的柳叶眉。

③ 唇妆可选择大红色，和礼服相呼应。

（2）造型重点

① 发型设计简单利落，易于梳理，可直接披发或扎起。

② 服装选择与主题、身材、肤色、年龄、气质相协调。

③ 将优秀传统文化、中国元素运用到整体造型中，使其具有彰显中国传统文化的审美意趣。

（3）效果图片（图4-5-3、图4-5-4）

图4-5-3

图4-5-4

三、欧式风儿童摄影化妆造型

装饰性强是欧式风的最大特点，也因此受到顾客的欢迎，家长们喜欢将自己的孩子装扮成小公主或小王子的形象，利用安静、和谐的氛围衬托出稚气，让孩子更显可爱。同时，欧式风儿童摄影的高贵、典雅、奢华也是受到顾客青睐的原因。儿童服装的选择应从面料、款式、色彩上突出欧式宫廷或田园风光的特点。给儿童设计欧式造型时应注意不能矫揉造作、夸张，以免失掉儿童的本真。

（1）妆容要点

① 粉底厚薄均匀，妆面干净、自然柔和、服帖，突出顾客皮肤细腻质感。

② 每个人的五官各不相同，在处理妆容的时候，要根据每个人的自身情况加以适当的细节变化。

（2）造型重点

① 整体造型设计新颖，符合时代潮流。

② 发型设计与妆容、服装风格统一、协调，突出顾客气质。

③ 在设计整体造型的时候，要根据顾客的年龄、气质、喜好等因素来调整思路，做好沟通工作。

（3）效果图片（图4-5-5、图4-5-6）

图4-5-5

图4-5-6

项目五

影视化妆造型服务

影视化妆是应用在演艺领域的造型，有电影、电视人物化妆造型，是一门综合性非常强、涉及非常广泛的技术，它涉及绘画学、色彩学、雕塑技法、解剖学、发型技术，甚至医学整容知识等。影视化妆系统可分为塑型化妆法（包括橡胶、塑型零件）、绘画化妆法、整形化妆法、毛发化妆法、气氛化妆法等五种化妆技法。化妆师通过各种化妆技法的熟练掌握和运用，帮助演员从外形上成功地塑造角色。

影视化妆可以说是影视人物的创造者，是构成影视审美标准的重要条件之一，是一门艺术，它具有生活化、真实性、附着历史朝代的特点，因此作为一名影视化妆师要更多地了解历史，观察生活，不断研究剧本，做好案头工作，使自己的作品具有更好的真实性。

学习目标

素养目标

1. 具有良好的人文科学素质和一定的美学修养，树立质量、环保和安全意识；
2. 培养学习者塑造影视人物形象的能力，提高学习者的造型审美水平和鉴赏能力；
3. 基本掌握从设计到操作的实际工作过程，锻炼独立的造型能力；
4. 培养学习者的集体意识和团结协作、共同发展的良好品格，以及以人为本的服务意识；
5. 通过影视剧经典人物欣赏和临摹，引导学习者价值观、文化观的正确树立，建立民族自豪感和文化自信；
6. 通过不断的项目实操训练和严格的考核要求，培养学习者严谨、持之以恒的敬业精神，养成细致、耐心、认真的职业习惯。

知识目标

1. 了解中西方不同时代人物的基本造型特点；
2. 掌握人物、角色化妆造型的基本依据及造型特点；
3. 掌握常用特效化妆的基本塑型方法。

技能目标

1. 熟练掌握影视化妆的基本操作技巧；
2. 熟练掌握不同年龄、不同种族、不同性格的人物化妆造型表现技法；
3. 能够通过剧本进行整体人物造型设计；
4. 掌握用不同材料制作假发片、头套、胡子的过程和上妆技巧。

影视化妆造型服务　项目五

任务一 ｜ 老年妆造型表现与应用

在影视作品中，经常会把角色"变老"来展示时光流逝、岁月变迁，纵观影视发展的历史，有很多影片都受益于技法高超的老年妆。因此，在学习时首先要弄清楚老年妆造型特点，如哪些生理特征可以较好地塑造出老年角色的特征。本任务主要是学习绘画化妆法，这是影视化妆中最基本的、最常见的表现手法。绘画化妆法是运用色彩的明暗关系来塑造面部衰老的生理结构，理解特征和技术要点后，通过反复的应用练习，熟练掌握相关的操作技巧。

一、任务情景

王老师准备参加话剧《初心》中王奶奶一角的面试，为了让自己更加贴近角色，决定邀请形象设计班的同学帮助她设计王奶奶角色的造型。

二、任务实施

（一）前期准备

1. 任务知识点

在进行角色设计之前要学会梳理剧本中的人物角色，再进行针对性的角色设计。通过前期的准备工作，开始进行人物效果图绘制。在妆容设计上，可以结合人物背景和剧本所表达的内容进行适当夸张，通过线条与晕染描画出人物的专横与伪善。

2. 老年妆的几种画法

（1）乳胶吹皱法（图5-1-1）

根据吹皱的范围和皱纹的走向可以把面部分为几个部位，如眼角、鼻子、前额、眉间等，根据剧中人物需要，即使皮肤紧的人也能取得理想效果。乳胶吹皱法真实，贴合面部结构，易表现细纹，但较费时。

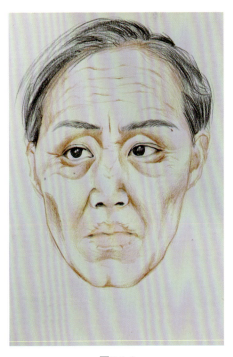

图5-1-1

（2）零件粘贴法（图5-1-2）

零件粘贴法是一种建立在某种技法上的辅助方法。

（3）立体塑型法（图5-1-3）

利用特性的工具，就像带着一个胶面具，分为局部塑型特效、全脸分片塑型特效和面具塑型特效，是较为高级的老年妆画法，如全脸硅胶，此材料的弹性与质感与真人皮肤极为贴近，较少影响演员表演与表情传达，是目前为止最好的特效化妆材料之一。

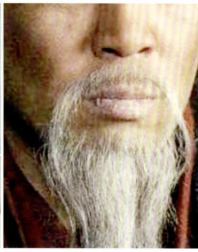

图5-1-2

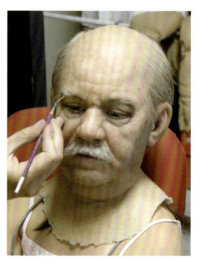

图5-1-3

（4）绘画化妆法

易掌握，快速出效果，适合于舞台表演。

3. 任务分析

老年人生理特点的表现如下。

虽然人到中年容貌开始出现衰老，但随着生活水平的提高，现代人的衰老普遍推迟，因此，要根据具体情况做好妆型定位。在化妆前，首先要观察分析形象特点以及外貌特征，面部的衰老往往会体现在以下几个方面。

皮肤： 随着年龄增长，皮肤水分开始流失，皮肤开始变厚，出现褶皱，面部肤色变得暗沉。经常在室外活动的人，由于日晒雨淋，皮肤开始显出整体的日晒红润；经常在室内的人员，到了这个年龄，皮肤缺少血色。和年轻时相比，老年人的皮肤弹性减弱，光泽不明显，有的甚至出现色斑。在眼睛周围和额头处出现皱纹，并逐渐增多、加深。由于机体衰老，皮下脂肪减少，肤色变深或变灰。

五官： 由于表情活动频繁以及外界气候等因素的影响，加上生理新陈代谢及地心引力的原因，五官会发生变化，如眼袋明显，眼晕加深，眼皮略有松弛，眼角下垂，眼窝凹陷等，还表现为鼻唇沟、唇阔不清、嘴角下挂，嘴角纹出现等。

毛发： 毛发也开始发生变化，其表现因人而异。但是从一般规律而言，随着年龄的增长,头发开始变稀、变干、发黄,并逐渐出现白发。由于遗传等因素,有的人出现白发时间比较晚,但是大部分人会在中年开始有白发。有的从鬓角开始,有的从前额开始。一般规律是前面先白,然后向头的中部和后部发展,逐渐出现灰白色至全白的老年状态。

肌肉:面部一些肌肉开始出现松弛,眼、嘴、颌、鼻、额等处肌肉变松后出现结构变化,并日渐明显。胖的人,下眼睑、鼻唇沟、腮部、颌部、口角处开始出现赘肉,日渐明显。瘦的人骨骼凹凸起伏明显。

皱纹(图5-1-4)是由于颜面接肉运动而产生的,每个人的经历和性格不同,在生活过程中的表情活动都不一样,所以脸上的皱纹也不同。如在生活中一直表现乐观的人,到了老年,鱼尾纹就不鲜明,眉间纹几乎没有;鼻唇沟则成弧形向外展开,给人以慈祥可亲的感觉。再如一个长年生活窘迫和经历痛苦的人,由于那些痛苦的经历,脸上的额纹明显,眉间纹硬而深,鼻唇沟(图5-1-5)离嘴也近了。

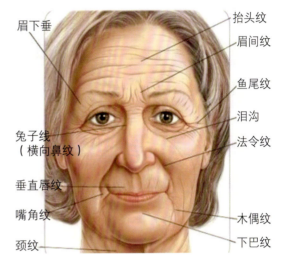

图5-1-4

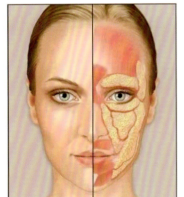

图5-1-5

(二)实施过程

1. 任务实施——妆容步骤讲解

(1)妆容要点

整个面部,笑时凹下的位置加深,凸出的地方提亮。老年人的皱纹纹理与肌肉走向成垂直状,面部最宜表现人衰老感觉的是骨骼和肌肉。

15. 老人妆造型妆容篇

瘦人表现骨骼凹凸，胖人表现肌肉下垂。

（2）造型要点

用粉底调节皮肤颜色，减弱血色与光泽，营造老年人气血不足的衰老感觉。

①面部打底时使用比原有肤色稍暗的色号、偏黄的粉底，降低皮肤光亮度。

②面部打底时注意和原有肤色的衔接与过渡，这样的妆容比较自然。

（3）化妆步骤（图5-1-6~图5-1-14）

图5-1-6　用小号粉底刷将深色粉底液涂在太阳穴、眼袋、颧骨下方（平时打阴影的位置）、法令纹处、下嘴唇下和人中处，并晕染开。

图5-1-7　将浅色粉底膏涂抹在额头、眉骨、鼻梁中间、颧骨、眼袋、下巴处，并晕染开，使其凸起。

图5-1-8　用深棕色眉笔画出额纹、川字纹、鱼尾纹、眼袋、法令纹、唇沟，再晕染开，制造皱纹效果。

图5-1-9　将高光膏涂抹在上一步画皱纹位置的亮面处，使其凸起。

图5-1-10　用小号眼影刷将深咖色眼影涂在皱纹处，按照皱纹走向轻轻涂开，表现出肌肉下垂感。

图5-1-11　在给嘴唇涂上一些裸色口红后，用口红刷蘸取口红盘内的深红棕色口红，在嘴唇周围画出唇纹。

影视化妆造型服务　项目五

图5-1-12　用眉梳将浅色粉底膏顺着眉毛走向刷在眉毛上，将眉毛涂白，从毛发上凸显出老态。

图5-1-13　用阴影刷蘸取修容粉扫在颧骨下方，制造出骨骼凹陷感。

图5-1-14　人的老化程度不同，要抓住老年人面部结构特点，通过这些特征才能充分地表现出老年状态。

2. 任务实施——发型步骤讲解

（1）发型要点

在画老年妆白发的时候，要根据年龄、角色的身份等进行综合处理，注意白发也要有深浅灰的变化，以及白发的生长顺序，浓密、稀少之间的关系，要衔接自然。

微信扫码
16. 老人妆造型发型篇

（2）发型步骤（图5-1-15～图5-1-23）

图5-1-15　用眉梳蘸取浅色粉底膏，按照头发走向向下刷，制造白发的效果。

图5-1-16　将头发分区，用牙刷配合粉底膏，在底部头发处刷出白发层次。

图5-1-17　后面部分头发刷完后，将前面部分头发分区，用牙刷刷出鬓角发白的感觉。

091

图5-1-18 用与上一步相同的手法处理下面层的头发。

图5-1-19 用尖尾梳将靠近头顶的头发分出一小块,并用鸭嘴夹夹住。

图5-1-20 把夹起来的头发拿起,用尖尾梳在贴近发根位置打倒梳,使头发稍微有点蓬松感。

图5-1-21 用高光膏在头发表面涂抹,再用手晕开一些,使白发更加自然。

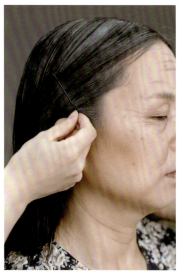

图5-1-22 用一字夹别在发侧,增加老年人发型特点。

图5-1-23 发白的头发符合角色塑造的要求。

三、效果评价

① 面部骨骼凹凸结构体现明显,衰老特征的描绘符合面部生理结构特点,明暗过渡自然。

② 皱纹的塑造符合面部生理结构的特点,线条及晕染有轻重、粗细、虚实变化,皱纹的深浅变化协调。

③ 局部细节处理符合老年妆特点,睫毛和眉毛的毛发色彩调整符合妆容特点。

四、任务小结

① 老年妆整体造型在符合老年人的外观特征共性的同时,要考虑角色的形象个体差异,如劳动者,皱纹粗且深,知识分子皱纹要力求纹理细,纹路顺。

② 老年妆造型要善于观察现实生活中老年人的面貌特征和皱纹肌肉走向,皱纹要和演员肌肉活动的方向表现一致。

③ 在进行老年妆绘画化妆时,除运用不同的化妆肤色和辅助色外,胡须、发套及橡胶零件的处理,更应有调和性和真实性,由于处理手段的不同,表现人物的形象和气质也就不同,处理得好,能使人物的形象更典型、更生动、更真实。

任务二 黑人妆造型表现与应用

一、任务情景

静静同学是一名达人秀爱好者,近期想参加综艺《达人模仿秀》,需要设计一个非洲女性的角色,邀请形象设计班的同学帮她进行造型设计。

二、任务实施

(一)前期准备

1. 任务知识点

在艺术演出中,尤其是戏剧表演,经常会演出外国剧目。而有些导演或者有些演出风格需要我们把中国的演员化妆成和外国人非常相像的造型,也有的时候需要在某些演出中出现外国人的形象。在舞台上常出现的外国人种,可以分为三大类:黑种人、白种人、印度人。

① 黑种人特点(图5-2-1、图5-2-2):具有黝黑的皮肤,棕黑色卷曲的螺旋形头发,宽短的鼻子,横位的鼻孔,大多数人的唇厚而外翻,颌部明显突出,眼色虹彩较深。根据地区的差异可分为西非、中非、东非和南非等类型。

图5-2-1

图5-2-2

② 白种人特点(图5-2-3):肤色方面比黄种人白一些,有淡粉肉色的,老年时较红、淡棕,有砖红色的。他们的头型比较狭长,额高,鼻子也比较高狭挺拔,外眼角平或

有些偏下。现在一般都叫欧式眼，较大，上眼睑双重眼，眼珠的色彩比较丰富，有碧蓝、灰、绿、黑、棕等，嘴不大不小，比较薄，下巴有些翘，眉眼之间的距离较近。头发质地比较柔软。泪阜外露，体毛发达。男人的胡子可以千变万化，大胡子、山羊胡、小胡子，浓重的、稀疏的，颜色也是各种各样。

图5-2-3

③ 印度人特点（图5-2-4）：大多数人的肤色是浅棕黄色，头发是黑棕色的直发。头型狭窄，鼻子狭长，鼻梁高，整个脸的结构清楚。特别是眼睛，像鹿的眼睛一样大而明亮，比所谓的白种人的欧式眼还要夸张，眼窝凹陷，眉眼距离近，双眼皮宽大明显，嘴唇大而丰厚、性感。他们在脸上还经常画一些花纹和红色，在额头发际线、手掌心、脚掌心处都有他们祝福的印迹。

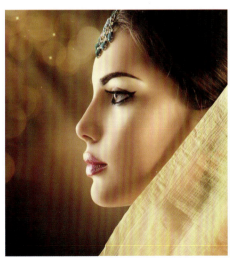 

图5-2-4

2. 任务分析

内容分析	分析结果
场合	参加综艺《达人模仿秀》演唱节目
人物角色定位	20岁出头的性感、火辣妹子
黑人人种分析	黑种人化妆的共同性：皮肤比较深，呈黑褐色或棕褐色，头发黑色呈螺旋状卷曲。额部凸出并向后倾斜，眉弓和眶上缘明显凸出。发际线比较高。眼睛大而圆，双眼睑明显，鼻子宽大，鼻根较低，鼻孔横位。嘴唇厚且凸出外翻，下颌也略微向外翘。把握这些特征后，还要观察演员与黑种人之间的差距，才能按照角色进行妆容设计 根据主题的设计，绘画出妆面效果图 **底妆**：黑种人的皮肤颜色较深，有的甚至几乎是黑色，但是在舞台灯光下不能直接用黑色来表现，深黑色看上去会比较灰暗，也不方便用其他颜色来表现面部的凹凸，所以用褐色、棕色等稍微浅一点的颜色来作为底色。要想底色打得均匀，可以先用偏暖的棕色在脸上先薄薄地涂上一层，然后选定肤色后再涂一层。需要注意的是底油和底色都不可太厚，否则很难涂均匀 **结构**：黑种人面部结构非常有特色，比如，额部凸出并向后倾斜，眉弓和眶上缘明显凸起，颧骨间距较宽，鼻根扁平，嘴唇凸起等，在舞台上，我们也要将这些特点表现出来
	自身条件分析：模特皮肤很白，眼睛细长，毛发细软，嘴唇比较薄
	发型设计：模特自身头发为黑直短发，需要呈现黑人的螺旋状卷曲 方案1：利用自身的头发进行夹爆编发 方案2：对前区头发进行黑人编发，后区用假发
	妆面设计： 1. 露肤部分调低3度肤色 2. 全包式眼线放大眼睛 3. 结构式打底增强轮廓感 4. 唇形外扩，增厚嘴唇

图5-2-5 模特素颜照

（二）实施过程

1. 任务实施——妆容步骤讲解

（1）妆容要点

画好黑人妆首先要进行基本色调的调整，还必须注意手部、颈部、肩部、臂膀等裸露身体部位的色彩，一定要与面部色彩一致。黑人人种

微信扫码

17. 黑人妆造型妆容篇

眼睛近似椭圆形。化妆时可以用眼部阴影和线条来塑造其外形,在眼角末梢处用眼线画出略微朝上翻的棱角,鼻头宽又大,嘴巴外翻又厚。

(2)化妆步骤(图5-2-6~图5-2-14)

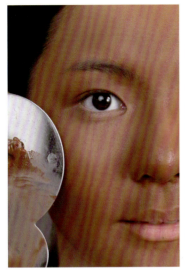

图5-2-6 选择棕色粉底液,适当加一些橄榄色做调和,在调色盘上搅匀后,用反复拍打的手法在脸上涂抹,因肤色差距较大,注意底妆涂抹均匀。

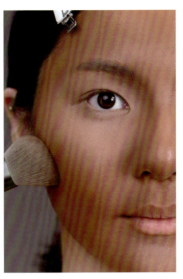

图5-2-7 黑种人面部结构非常有特色,用双修粉在额部、眉弓、眶上缘等部分进行凹凸的立体修容。

图5-2-8 用欧式眼妆画法,找准结构线后,先用浅色粉底液提亮眼窝,再用棕色眼影向眉毛方向由深至浅地晕染,结构线处颜色最重。

图5-2-9 在描画眼睛时,要注意画得大而圆,加宽上下眼睑的宽度,但是不要太拉长,下眼睑要加粗眼线。

图5-2-10 眉毛用黑色眉笔画出拱形眉,如果演员条件不符合时,可以用肤蜡盖住,重新画眉,最后用睫毛膏在眉头梳理出一根根眉毛。

图5-2-11 用镊子夹取涂好睫毛胶的假睫毛,上睫毛用浓密型,下睫毛用自然型,增加毛发的浓密度。

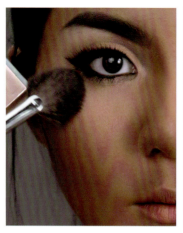  

图5-2-12　蘸取高光粉，在眼下、下巴、鼻梁处涂抹，起到让五官更有立体感和增加皮肤光泽感的作用。

图5-2-13　刻画嘴唇时，要画得大而厚，可用深棕色的唇线笔画出所需要的唇形，由于肤色较黑，使用浅色的唇膏效果会比较好，可以用肉色和各种红色进行适当的调和。

图5-2-14　底妆用深色，强调眼睛，扩大鼻形和嘴形，塑造黑人形象。

2. 任务实施——发型步骤讲解

（1）发型要点

黑种人的发型浓密、卷曲、蓬松，可以将头发编成较细的辫子，也可以用帽子、头巾、假发做修饰。

（2）造型手法

编发。

（3）发型步骤（图5-2-15～图5-2-23）

图5-2-15　将头发分区后，用玉米夹将头发夹蓬松，为后续编发提供方便。

图5-2-16　夹完头发后，喷上发胶让头发变涩和定型。

图5-2-17　进一步将头发分出上下区块，将头顶一块头发留出来，抓紧后面的头发并绑成辫子。

影视化妆造型服务 项目五

图5-2-18 将头顶留出来的头发分成片状,依次向同方向编成脏辫。

图5-2-19 扎完后,顺着头发扎起的纹路,用尖尾梳蘸取发胶来梳理两侧头发,把小碎发都梳平整。

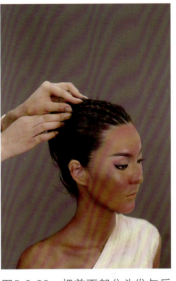

图5-2-20 把前面部分头发与后面部分头发绑在一起,贴着头皮用一字夹固定好。

图5-2-21 脏辫假发片用一字夹固定在后方扎起头发的地方,注意与前区发型的自然衔接,夹子不外露。

图5-2-22 用眉梳顺着头发进行梳理,确保头发的干净度。

图5-2-23 前区真发的编发加后区的假发脏辫,突出黑人特点。

099

3. 任务实施——整体造型搭配

黝黑的皮肤，棕黑色卷曲的螺旋形头发，宽短的鼻子，一位性感的黑人辣妹就展现在观众面前（图5-2-24～图5-2-26）。

图5-2-24

图5-2-25

图5-2-26

三、效果评价

① 肤色均匀，粉底颜色调和符合黑人的肤色特征。
② 根据黑人的骨骼结构特点，五官和面部的立体感强。
③ 发型符合角色造型需求，突出黑种人的特征。
④ 整体造型与人物角色设计相符合。

四、任务小结

① 化妆师需要了解各个种族人的骨骼结构、五官特点、人文背景，抓住特点，强化细节。
② 化妆师做造型前要确定这个角色属于什么种族，熟读剧本，做好设计方案及定妆工作，才能取得理想的效果。
③ 在演出中，化妆是塑造黑种人形象的重要环节，然而发型和装饰也是不可缺少的部分，如短而浓密的小卷发、女性的小辫子、包头巾等要用好装饰物。

任务三 骷髅妆造型表现与应用

一、任务情景

舞台剧《梦中天使》为剧中主角梦境中出现的骷髅形象定妆造型。

二、任务实施

（一）前期准备

1. 任务知识点

骷髅妆是影视化妆的一种，是将面部用油彩画成骷髅面貌式的化妆造型。需要化妆师充分掌握人的面部骨骼的位置及肌肉的结构，了解面部特征及五官分布，运用颜色与技法来准确表达妆面和造型的构思。

适用场景： 万圣节、主题PARTY等。

2. 任务分析

骷髅妆面和造型都离不开面部形态，而面部形态又是与面部骨骼分不开的，只有全面了解、掌握面部骨骼及肌肉的结构特点，才能运用颜色与技法来准确表达妆面和造型的构思。因此画好骷髅妆是学好影视化妆的第一堂基础课，如果不懂骷髅妆就很难成为合格的影视化妆师。

掌握面部骨骼是造型的重点。头部由23块骨骼组成，分为脑颅骨和面颅骨两大部分（图5-3-1）。眉骨以上、耳朵以后的整个部分称为脑颅骨，其中包括一块额骨、一对顶骨、一对颞骨、一块枕骨、一块蝶骨和一块筛骨。耳朵以前的整个部分称为面颅骨，其中包括一对颧骨、一对鼻骨、一对腭骨、一对泪骨、一对下鼻甲、一对上颌骨和一块下颌骨、一块犁骨和一块舌骨。脑颅骨的形状主要决定了头部的形态，面颅骨的形状主要决定了面部的形态。

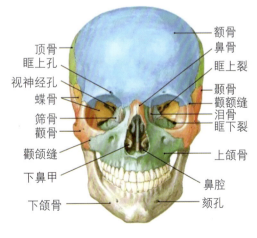

图5-3-1

头面部特征中重要骨骼的详细分析如下。

顶骨：顶骨位居头颅最顶端，左右一对，它们在头顶中央形成齿缝状结合，并且还形成头颅侧面及背面的绝大部分，后接枕骨，前接额骨，左右和颞骨相接。

颞骨：颞骨位于顶骨下方额骨两侧，左右各一，它是块前低后高的扇面形骨骼，包括耳孔和紧接其后的颞骨乳突。对于老人、瘦人，此结构凹陷明显。

额骨：额骨处在脑颅的前部、顶骨的下方，表面起伏变化较大，形成额丘、额沟、眉弓和眶上缘等的结构。女性额骨圆润饱满，男性的额骨则方正并向后倾斜。

额丘：额骨上左右各有一块低圆形丘状隆起，有的人明显，有的人则不是很明显。

额沟：处在额丘和眉弓之间，由于额丘和眉弓都呈凸起状，故中间形成浅沟即额沟，往往也是面部较深的皱纹所在。

眉弓：处在额沟以下、眶上缘以上，呈短的弓状隆起，内高外低，与眉毛的走势相反，两者成"X"状相交。男性眉弓凸出明显。

眶上缘：眼眶的上缘线，对应的有眶下缘，往往与眼球的凸起形成眼窝。老人、瘦人较为明显。

颧骨：位于脸颊的两侧，上接额骨、颞骨，下接上颌骨。它有颧弓和颧丘等结构。

颧弓：在耳孔前方有一细长的骨支与颧丘相连形成颧弓。

颧丘：也叫颧结节，是颧骨中央隆起的部位，对人的容貌影响很大。

鼻骨：处在额骨眉间以下，左右对称，鼻骨为硬骨，下接软骨构成鼻形。软骨和硬骨衔接处的形状类似梨，故称"梨状孔"。

3. 创意骷髅妆造型欣赏

随着时代变化，骷髅妆也由原始的基础画法延伸出了各种时尚创意的画法，相较于基础画法，时尚创意骷髅妆更容易吸引年轻人的目光，风格多样化，有动物、海洋、金属、朋克等主题的创意骷髅妆造型（图5-3-2～图5-3-10）。

图5-3-2　动物主题创意骷髅妆造型　　图5-3-3　海洋主题创意骷髅妆造型　　图5-3-4　金属主题创意骷髅妆造型

图5-3-5 朋克主题创意骷髅妆造型（一）

图5-3-6 朋克主题创意骷髅妆造型（二）

图5-3-7 粘贴与彩绘主题创意骷髅妆造型

图5-3-8 半面彩绘主题创意骷髅妆造型

图5-3-9 线条主题创意骷髅妆造型

图5-3-10 花草主题创意骷髅妆造型

（二）实施过程

（1）妆容要点

传统的骷髅妆容造型按照面部骨骼结构进行面部的妆容设计，不同的人物原型化妆出的骷髅妆容造型效果略有差异，但是妆容造型的原理和化妆方法是一样的。通过传统骷髅妆容造型与其他化妆方法、化妆工具、化妆材料等相结合，可以设计出更多的创意骷髅妆容造型供化妆师和骷髅妆容爱好者选择。

（2）造型要点

注重对面部骨骼结构的掌握能力，能够根据面部轮廓准确勾画出骨骼位置，通过不同深浅颜色过渡塑造出面部真实的骨骼感及立体效果。

（3）化妆步骤（图5-3-11～图5-3-19）

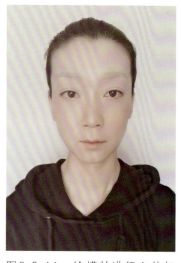

图5-3-11　给模特进行立体打底，先用少量的胶水遮盖眉毛，再用肤蜡从眉头到眉尾完全覆盖住眉毛。

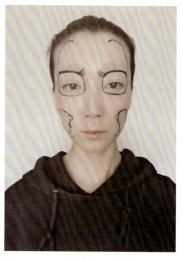

图5-3-12　用浅色眉笔标记主要骨骼位置，用深色眉笔或眼线笔加深轮廓线，找准面部结构，勾画轮廓。

图5-3-13　避开面部凹陷位置，用白色彩绘膏涂在前额等面部凸起位置，涂抹亮色。

图5-3-14　用黑色彩绘膏在面部结构的凹陷处涂抹暗色及阴影色，用白色亚光眼影给亮色部分定妆，在骨骼凹陷部位涂抹暗色。

图5-3-15　用黑色和红色眼影晕染暗部层次，用黑色彩绘膏勾画结构边缘并刻画边缘细节，制造真实的骨缝效果，加强暗部层次效果。

图5-3-16　用黑白两色彩绘膏分别加强暗部与亮部的层次，用红色、灰色眼影加强面部凹陷处色彩，增加更多细节和看点，在牙齿的轮廓线中涂上白色彩绘膏，制造牙齿的立体效果。

影视化妆造型服务 项目五

图5-3-17 用粉底把嘴唇原来的颜色遮住,用黑色的笔把牙齿的轮廓勾画出来,在牙齿的轮廓线中涂上白色彩绘膏,注意起伏,进一步制造牙齿的立体效果。

图5-3-18 用线条丰富眼眶骨、鼻骨、颧骨、下颌骨等面部内容和细节,注意周围线条的粗细、深浅和顿挫。

图5-3-19 造型结束后可选用戴帽卫衣进行造型装饰,还可根据具体场合选用服装进行造型装饰。整体形象要根据"TPO"原则整理妆容细节,调整面部细节。

三、效果评价

① 正确勾画骨头位置。
② 油彩线条勾画流畅、细节处理到位。
③ 虚实过渡自然,视觉欣赏性强。

四、任务小结

在骷髅妆造型操作时要做到妆容干净,头面部骨骼基本位置表现准确,能够掌握不同化妆工具与材料的使用方法与技巧。服装选择与骷髅妆造型相协调,在不同场合中可根据实际主题进行创意骷髅妆造型设计,搭配不同的色彩、配饰与造型设计来进行综合的妆容表现,体现更多的应用技巧。

任务四 | 伤效妆造型表现与应用

学习目标

1. 了解伤效妆造型的特点；
2. 掌握伤效妆造型的操作技巧；
3. 熟练运用一般伤效妆造型手法，满足伤效气氛塑造的需求。

伤效妆是影视特殊效果化妆中比较常见的一种。主要是为了表现剧中人物在某些特殊环境和情况下外貌和生理上发生受伤效果的变化，它是一种强调真实、烘托气氛、渲染角色的一种化妆方法和造型手段。伤效妆的内容主要有淤青、伤疤、烧伤等，主要使用了立体化妆和绘画化妆相结合的手法。

一、淤青化妆技法表现

当身体受到猛烈撞击后，皮肤在受伤但没有破损的情况下一般会呈现淤青的受伤效果。这种淤青过程一般可以分为四个阶段，每一个阶段皮肤表面所呈现的颜色和情况都各不相同。造型师平时要善于观察，要准确把握不同阶段的受伤效果，力求效果真实。具体技法表现如下。

① 刚刚受到撞击阶段（图5-4-1）。皮肤内部渗出血色，皮肤表面泛红，但面积不大。可取半粒黄豆大小偏冷的粉红色油彩调和嫩肉红色的油彩刷在所需造型的皮肤中心位置上，再用手指将颜色按压涂抹开，使边缘颜色变淡直至消失，与周围的皮肤进行衔接。

② 受伤效果加重阶段（图5-4-2）。随着受伤时间的推移，皮肤泛红的面积逐渐扩大，且中间部位开始发紫。可用手指蘸取半粒黄豆大小的粉红色油彩加少许大红或玫红色油彩用手指按压的形式点涂在皮肤上，并扩大其范围。在淤青中心的位置用粉红调少许深蓝色，可采取点按式调色法调色。淤青的中心点附近颜色有发花的趋势。

③ 淤青愈合初期阶段（图5-4-3）。皮肤泛红的面积逐渐缩小，但淤青中心部位开始出现发黑发青的颜色，逐渐出现少许黄色。此时也是受伤处颜色最深、最花的阶段。可将半粒黄豆大小的深红色油彩作为基底涂在皮肤上，蘸取少许绿色、蓝紫色用手指按压的形式点涂在中间部位，且中间部位颜色最深，边缘处可不规则地点涂少许黄色，并逐渐向外扩散直至消失，与肤色衔接。

④ 淤青即将痊愈阶段（图5-4-4）。皮肤大面积泛黄，虽然面积更大，但颜色会逐渐褪去。可以按照第三阶段的形状用深红色油彩点压式涂抹，中间深色范围缩小并蘸取少许蓝紫色，边缘处多加黄色，并逐渐向外扩散直至消失。

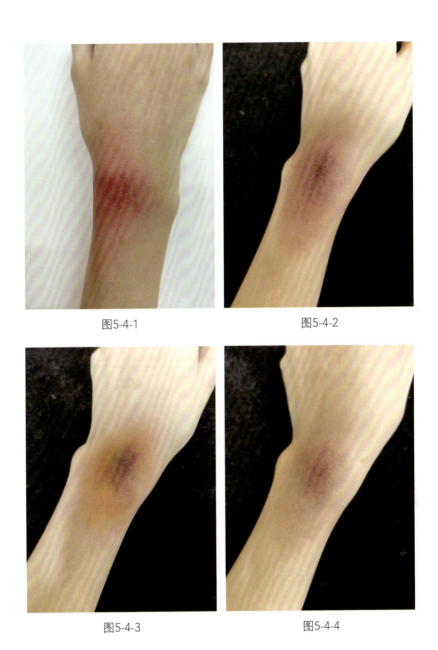

图5-4-1　　　　　　　　　　　图5-4-2

图5-4-3　　　　　　　　　　　图5-4-4

二、刀疤（肤蜡）化妆技法表现

伤疤的种类有很多，有新伤、旧伤之分，也有刀伤、枪伤、咬伤等，不同伤疤的制作方法也有所不同，因此要根据需要进行创作。

刀疤胶（火棉胶）可以表现凹陷或即将痊愈的疤痕，它涂在皮肤上有收缩皮肤的作用，可以表现受伤以后很久形成的略有凹陷的伤疤。材料相对简单，容易操作。

隆起的疤痕可以用临时性的塑型肤蜡进行即兴的创作。而在电影、电视剧的拍摄当中，由于造型效果在整个拍摄过程中要保持一致，采取临时性的塑型肤蜡的创作就不可取，一般都采用泡沫乳胶或已制作成型的塑模材料。

具体技法表现如下。

① 清洁。在需要做刀疤的部位做清洁工作，以免油脂和毛发影响造型效果。

② 固定（图5-4-5）。在需要做伤疤的部位涂抹一层酒精胶，用来固定肤蜡，防止其脱落。

③ 塑型（图5-4-6）。等到酒精胶挥发半干时再敷上长条形的肤蜡。肤蜡要求中间厚，边缘薄，且边缘部分用调刀（万能刀）与皮肤接平。用调刀（万能刀）在肤蜡的中间划出一道口子，并向两边微微撑开，使伤口变宽，再在划开的口子里加入棉条。

④ 上色（图5-4-7）。用油彩对刀疤和皮肤做色彩的衔接。伤口整体呈现红肿的效果。在皮肤与伤口内侧可用肉红色油彩表现嫩肉色。肤蜡与皮肤衔接处是红肿的颜色，伤口的边缘处可用红砂色表现氧化的效果。

⑤ 血浆效果（图5-4-8）。用调刀（万能刀）蘸取老血浆放入伤口裂缝处的棉条上，也可直接用调刀（万能刀）在伤口边缘上干血浆，再用血浆涂在伤口内。如果是新鲜的伤口，沿着伤口有流淌式的新鲜血浆；如果是过了一段时间的伤口，可以在伤口裂缝处涂上零星的黑色油彩。

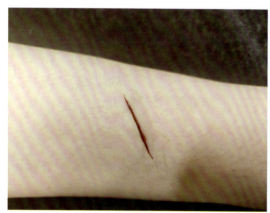

图5-4-5

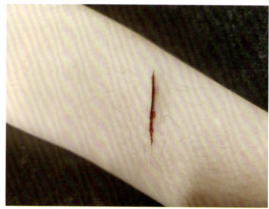

图5-4-6

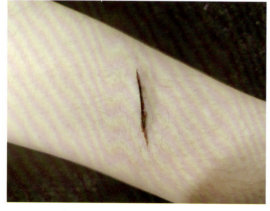

图5-4-7

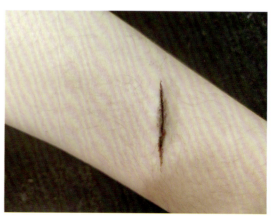

图5-4-8

三、水泡化妆技法表现

在部分烧伤比较严重的皮肤表现上，我们会用到水泡的效果。要想表现出水泡的效果，我们可以用影视伤效烫伤刀疤胶水直接涂在所需的部位，也可以用倒模做好假体粘贴在所需部位。

具体技法表现如下（图5-4-9～图5-4-14）。

① 在操作台上用塑型泥（肤蜡）做出大小不一的小球体，错落分布。

② 在用塑型泥（肤蜡）做好的小圆球的零件上涂抹少许凡士林，便于乳胶脱模。

③ 用刷子（调刀）蘸取乳胶薄且均匀地涂在小圆球的零件上，用吹风机（冷风）吹干。如此少量多次（8～15次），根据实际硫化乳胶的黏稠情况来确定，乳胶的涂抹应注意薄而均匀，尤其要注意边缘位置应有薄厚的衔接。

④ 使用透明散粉，使得成型的乳胶、塑型泥（肤蜡）与桌面分离、脱模。

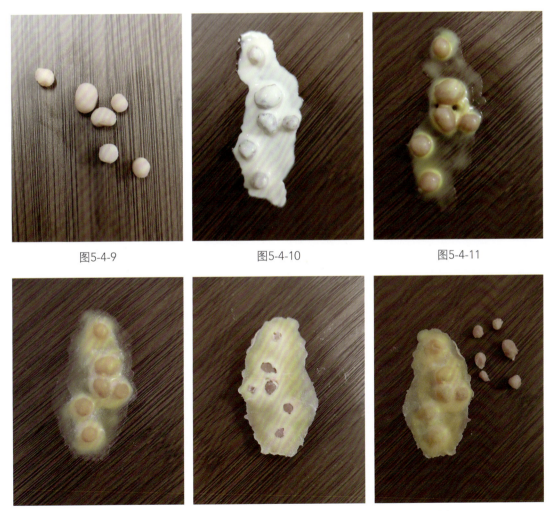

图5-4-9　　　　　　图5-4-10　　　　　　图5-4-11

图5-4-12　　　　　　图5-4-13　　　　　　图5-4-14

水泡化妆技法表现（图5-4-15～图5-4-18）：

① 在所需造型的位置上，薄而均匀地涂一层酒精胶，将制作好的乳胶水泡粘贴在相应位置。

② 在边缘的衔接处涂抹酒精胶，用吹风机（冷风）吹干，并且用海绵蘸取乳胶按压，可以稍稍超出酒精胶涂抹的边缘，并吹干。反复多次，注意边缘部分的衔接。

③ 用油彩在所需的位置涂抹红色。在伤口的中心部位，用少许黑色的油彩，表现出烧焦的感觉。

④ 在表现水泡破裂效果的时候，可以用调刀将乳胶水泡挑破，在内部填充少许红霉素眼药膏，可表现水泡破裂后出脓的效果。

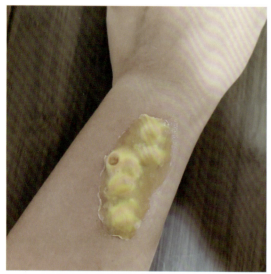

图5-4-15　　　　　　　　　　图5-4-16

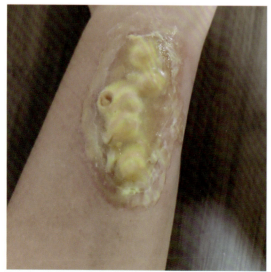
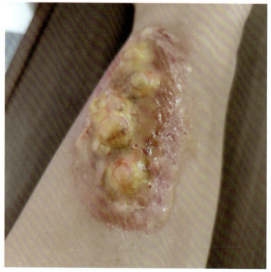

图5-4-17　　　　　　　　　　图5-4-18

参考文献

[1] 郭晓彤,林静涛. 化妆基础 [M]. 北京:高等教育出版社,2021.

[2] 王铮. 人物造型化妆 [M]. 南京:东南大学出版社,2020.

[3] DAVIS G, HALL M. 化妆造型师手册:影视、摄影与舞台化妆技巧 [M]. 谢滋,译. 2版. 北京:人民邮电出版社,2021.

[4] 吴娴. 影视舞台化妆 [M]. 上海:上海人民美术出版社,2016.

[5] 徐家华. 舞台化妆设计与技术 [M]. 北京:中国戏剧出版社,2006.

[6] 徐家华,张天一. 化妆设计 [M]. 北京:中国纺织出版社,2014.

[7] 李庆. 主持人化妆造型 [M]. 北京:中国广播电视出版社,2013.

[8] 洪小天. 彩妆革命:喷枪化妆技法 [M]. 北京:化学工业出版社,2018.

[9] 小雨. 风尚新娘化妆造型实用教程 [M]. 北京:人民邮电出版社,2015.

[10] 蓝野. 鬓影红妆中国古典妆容发型实例 [M]. 北京:人民邮电出版社,2018.

后记

　　感谢人物化妆造型1+X证书培训评价组织——北京色彩时代商贸有限公司组织大家编写，感谢兄弟院校孙雪芳、石丹、朱佩芝、章益、黄译慧、朱丽青、施张炜、盛乐、梅丽共同参与教材编写工作，感谢合作企业王悦云、陈芳红、洪小天的大力支持，以及感谢参与视频拍摄的陈佳琪、胡丽丽、虞可密模特。本书的出版得到了化学工业出版社的大力支持，在此一并致谢！

　　由于信息资源及数据库发展迅速，加之编者水平有限，书中难免存在遗漏和不妥之处，敬请读者谅解和指正，反馈意见请发邮件至99903615@qq.com，以便今后修订完善，不胜感激。

毛金定

2021年9月

彩妆练习册

 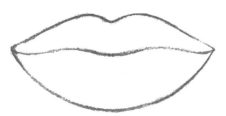

 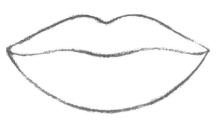

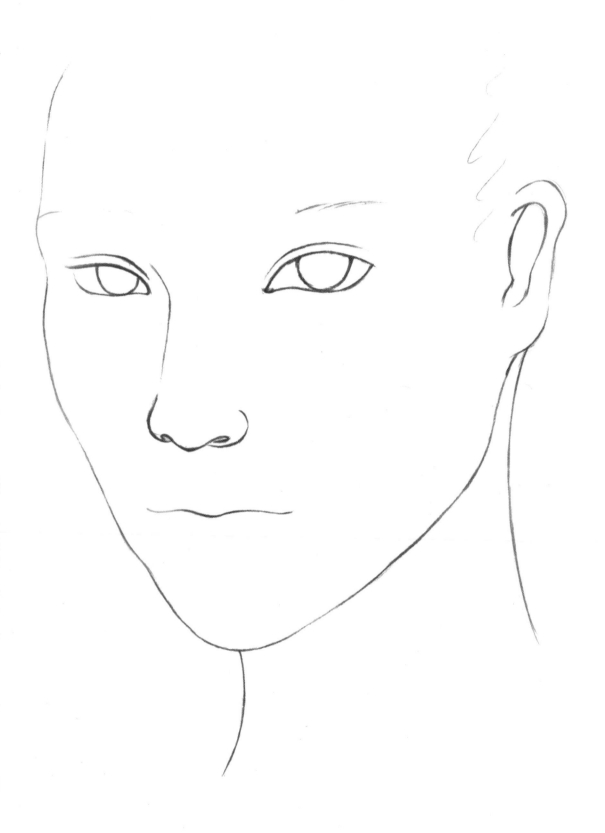

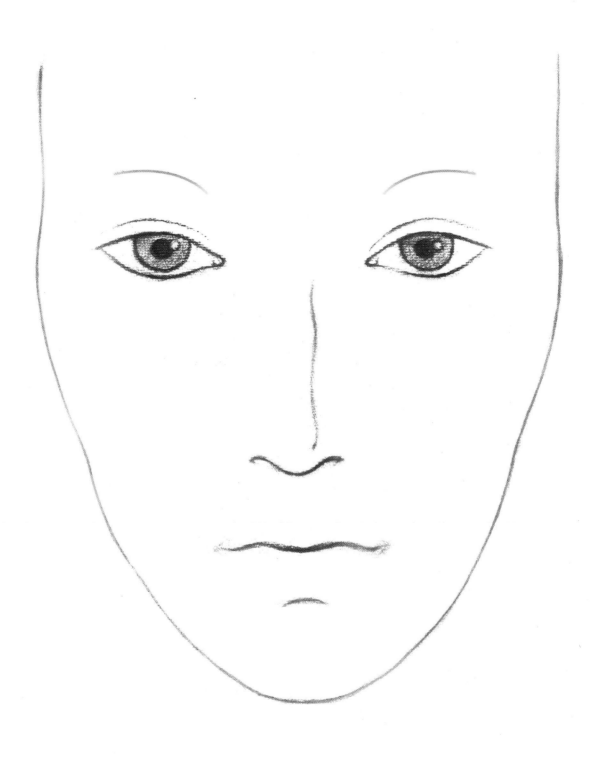

眉形图

综合眉型

标准眉

柳叶眉

平直眉

上扬眉

燕羚眉

拱形眉

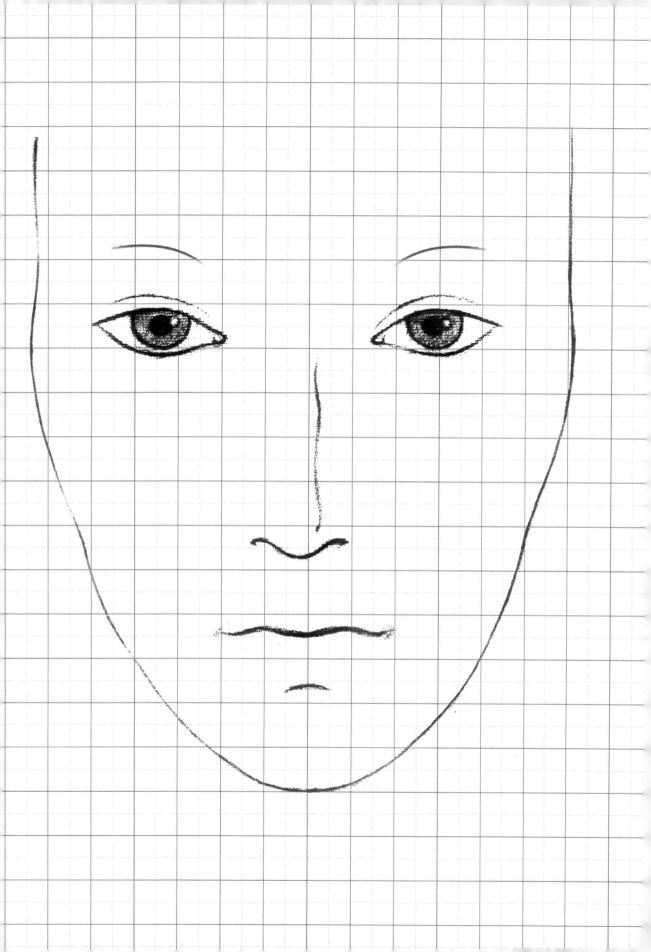

ISBN 978-7-122-40081-9

定价：68.00元